공정/생산성/사업비 관리 & 경제성 분석

Schedule / Productivity / Cost
Management & Economic Analysis

건설관리학 총서 3

공정/
생산성/
사업비 관리&
경제성 분석

저자_
최재현, 강상혁
신호철, 손창백
박희성, 이동훈
정근채

KICEM
(사)한국건설관리학회

발·간·사

'과골삼천 (踝骨三穿)'

　다산 정약용 선생께서 저술에만 힘쓰다 보니, 방바닥에 닿은 복사뼈에 세 번이나 구멍이 뚫렸다는 말입니다. 이것은 마음을 확고하게 다잡고 "부지런하고, 부지런하고 부지런하라."라는 말로 풀이되는데, 다산 정약용 선생은 그의 애제자인 황상에게 이것을 '글'로 써주었습니다. 그것이 바로 '삼근계(三勤戒)'입니다. 이 한마디의 '글'은 황상 인생의 모토가 되어 그의 삶을 변화시켰습니다. 위 이야기처럼 본 건설관리학 총서가 대학생들의 삶을 변화시키는 '글'이 되기를 진심으로 바랍니다.

　2019년 '한국건설관리학회'가 창립 20주년을 맞습니다. 그러나 20년의 역사에도 불구하고 아직 건설관리학의 전반을 망라하는 건설관리학 총서가 없다는 것은 그동안 큰 아쉬움이었습니다. 몇몇 번역서가 있지만 우리나라의 현실을 충분히 반영하지 못한 것이 안타까웠습니다. 이에 우리 집필진은 글로벌 표준을 근간으로 하고, 우리나라의 현실을 반영한 건설관리학 총서를 집필하였습니다. 우리는 PMI(Project Management Institute)의 PMBOK(Project Management Body of Knowledge)을 참조하여 총서의 구성을 설정하고, 건설관리 프로세스의 흐름을 중심으로 내용을 기술하였습니다. 이와 함께 우리나라 현실을 반영하고, 현업에서 두루 활용되고 있는 실무적인 내용을 추가하여 부족한 부분을 보완하였습니다.

　본 총서는 다음과 같이 4권으로 구성되어 있습니다. 제1권은 계약 관리, 클레임 관리, 리스크 관리, 제2권은 설계 관리, 정보 관리, 가치공학 및 LCC, 제3권은 공정 관리, 생산성 관리, 사업비 관리, 경제성 분석 그리고 제4권은 품질 관리, 안전 관리, 환경 관리입니다. 위 네 권의 책은 건설의 계획, 설계, 시공 그리고 운영 및 유지 관리에 이르는 건설사업 전반의 프로세스를 아우릅니다.

　본 총서는 여러 저자들의 재능기부로 완성되었습니다. 모든 저자들이 건설관리학 총서를 발간한다는 역사적인 취지에 공감하고 기꺼이 집필에 참여해주셨습니다. 적절한 보상도 없이 많은 시간과 노력을 기울여주신 저자들께 한국건설관리학회를 대신하여 심심한 감사의 말씀을 드립니다.

본 총서는 대학생 교육을 위한 교재로 집필되었습니다. 본래 한 권의 책으로 발간하려 하였으나, 저술되어야 하는 분야가 광범위하고, 각 분야가 전문적으로 독립되어 있어서 한 권으로 발간하는 것이 불가능하였습니다. 또한 책 내용을 수정, 보완하는 데 대용량의 한 권의 책은 민첩성이 떨어져 효과적인 교재 관리가 어렵다고 판단하였습니다. 이런 숙고의 과정을 통하여 네 권으로 구성된 총서가 발간되었습니다.

본 총서의 집필은 온정권 무영CM 대표, 장갑수 가람건축 대표 그리고 김형준 목양그룹 대표의 후원으로 시작되었습니다. 건설관리학 분야 후학 양성의 필요성을 절감하고 건설관리학의 발전과 확산에 일조하고자, 건설관리학 총서 저술팀이 확정되지도 않은 상태에서도 오직 학회만을 믿고 기꺼이 후원해주셨습니다. 세 분께 한국건설관리학회의 이름으로 큰 감사의 말씀을 드립니다.

현재 건설관리학 총서는 초판 수준으로 아직 부족한 부분이 많습니다. 우리 저자들은 지속적으로 책의 내용을 수정, 보완해나갈 것입니다. 이 책으로 공부하는 대학생들이 건설관리학 분야에 흥미와 관심을 갖게 되기를 기대해봅니다.

한국건설관리학회 9대 회장 **전재열**
한국건설관리학회 10대 회장 **김용수**
교재개발공동위원장 **김옥규, 김우영**
교재개발총괄간사 **강상혁**

contents

part IV 경제성 분석 정근채

part **I**

공정 관리

최재현 · 강상혁 · 신호철

chapter 01

공정 관리 일반

　건설 프로젝트를 포함한 모든 프로젝트의 성공적인 수행을 위해 필수적으로 고려되는 요소는 범위(Scope), 시간(Time) 그리고 원가(Cost)로 볼 수 있다. 여기서 범위는 '무엇(what)'에 해당하는 요소로 건설 프로젝트의 경우 주로 건설도서를 통해 규정되는 최종 결과물(End Product)을 의미한다. 시간과 원가는 최종 결과물을 발주자 또는 건축주에게 인도하기 위한 제약조건에 해당한다. 따라서 그림 1에 나타난 바와 같이 범위, 시간, 원가는 건설 프로젝트의 목표 달성을 위한 제약조건이 된다. 공정 관리는 시간에 해당하는 조건과 밀접히 관련되어 있으나, 세 제약조건은 상호 유기적으로 연관되어 있으므로 통합적으로 관리되어야 한다.

[그림 1]
프로젝트 3대 제약조건

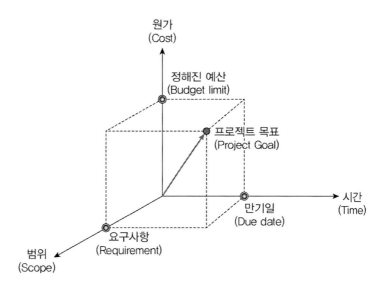

프로젝트 범위가 명확하게 정의될수록 시간 및 원가 계획의 정확도도 높아진다. 일반적인 건설 프로젝트의 수행 단계는 프로젝트 기획, 설계(개념, 기본, 상세), 시공 및 시운전, 유지 관리로 구분할 경우, 기획부터 설계 단계까지 프로젝트의 범위가 명확히 확정된다. 물론 시공 단계에서도 범위의 변경은 발생 가능하므로 프로젝트 수행 전 단계에서 범위에 대한 변경 관리도 중요하다. 시간과 원가의 계획 및 관리도 수행 단계에 따라 지속적으로 이루어진다. 시간은 수행 단계별 필요 업무를 적시에 수행하도록 계획·관리하는 것도 중요하지만 결국 프로젝트의 최종 완료 시기를 관리하는 것이 핵심목표가 된다. 따라서 기획 단계부터 후행 단계 및 최종 완료 시기를 고려하고, 단계별 개별 업무와 프로젝트 전체와의 연계성을 분석하여 포괄적으로 관리하는 것이 바람직하다.

공정 관리는 프로젝트의 범위에 대한 업무 수행 시기와 수행 기간과 같은 시간 중심의 관리뿐 아니라, 전체 프로젝트 관리 측면에서 수행 단계 규정, 수행 단계별 업무, 소요 자원(Resource) 및 원가, 업무 지연(Delay) 및 방해 요소(Disruption), 분쟁(Dispute) 등을 포함하는 포괄적 관리행위로 이해되어야 한다. 결국 공정 관리는 프로젝트 전체를 계획하과 관리하는 뼈대라고 할 수 있다.

1.1 공정 관리의 목적

공정 관리의 목적은 프로젝트의 목적에 부합하면서 효율적인 프로젝트의 수행을 위해 실현 가능한 계획을 수립하고, 프로젝트의 수행 과정에서 적정성을 분석하여 적시에 적정한 의사 결정을 가능하도록 하는 것이다. 건설산업은 단품수주 산업으로 프로젝트별 고유성을 갖고, 다수의 주체가 다양한 공종을 수행하며, 정책적·사회적·환경적 특성에 높은 영향을 받는다. 체계적인 공정 관리를 통해 프로젝트

목표의 핵심 지표(key milestone)를 수립하고, 목적 달성을 위한 수행 과정을 계획하며, 수행 주체 간의 소통과 신뢰를 증진하여 프로젝트를 성공적으로 완수할 수 있다. 따라서 공정 관리는 프로젝트 성공의 핵심 요소라고 할 수 있다.

　반면 미비한 공정 관리 체계에서 수행되는 건설 프로젝트의 경우 예기치 못했던 이벤트의 발생에 대해 원인-결과 분석 및 대처 방안에 대한 조기 의사 결정 지연 등으로 프로젝트 수행과정 전반에 심각한 부정적 영향을 감수해야 한다. 그럼에도 불구하고 다수의 건설 프로젝트들이 공정 관리 업무의 중요성을 간과하고 높은 리스크를 감수하며 수행되는 것이 현실이다.

1.2 공정 관리의 효과

　체계적인 공정 관리를 통한 긍정적인 효과는 다음과 같다.

- 공기와 비용을 고려한 최적화된 계획 수립
- 안정적이고 효율적인 자원 할당 및 활용
- 시공 현장 관리 역량 제고
- 객관적인 진도 및 생산성 관리
- 문제 발생에 대한 적시성 있는 발견 및 조치
- 경영의 예측과 의사 결정 지원
- IT 기술을 활용한 체계적인 프로젝트 수행
- 실적 데이터에 대한 자산화
- 수행자 간 소통 증대 및 클레임 감소

1.3 공정 관리의 범위

공정 관리의 범위는 일반 관리, 설계 관리, 조달 관리, 시공 및 시운전 관리, 정보 관리 분야로 나누어볼 수 있다. 통념상 시공 단계에 국한되어 인식되는 공정 관리는 전체적인 맥락에서 공정 관리의 효율을 저하시킬 수 있다.

1.3.1 일반 관리

일반 관리는 인허가 업무를 포함하여 공사 착수 이전 단계의 공사준비, 가설공사, 측량, 지장물 철거 등 일반관리 사항에 대한 업무를 포함한다.

1.3.2 설계 관리

설계 관리는 설계 단계에서 설계자가 발주자에게 설계도서를 제출하고, 검토 및 승인 절차를 거쳐 계약 기간 내 최종 납기하는 것을 목적으로 한다. 설계도서의 작성·검토·승인과 같은 일련의 산출물 단위 엔지니어링 업무도 프로젝트 전체 계획에 따라 일정뿐 아니라 성과와 품질 측면에서 체계적으로 관리되어야 한다. 또한 시공계약 이후 시공 단계에서 시공자가 공사수행을 위해 시공도(Shop drawing)와 같은 엔지니어링 드로잉을 제작하여 승인 절차를 통해 시공 일정과 연계되는 업무도 포함할 수 있다.

1.3.3 조달관리

조달관리는 설계자, 시공자 등 공사계약자를 선정하는 단계의 계약업무와 Long lead item과 같은 주요 자재 및 장비에 대한 수급 계획을 포함한다. 계약업무는 시공공정에 지연이 발생하지 않도록 주로 마일스톤으로 관리하는 것이 일반적이다. 주요 자재는 자재의 구매, 발주, 설계 및 제작, 운송, 현장 반입, 검사, 승인의 과정을 고려하여 현장 시공의 일정에 차질이 없도록 계획한다.

1.3.4 시공 및 시운전 관리

시공 및 시운전 관리에 해당하는 공정 관리는 시공 단계에서 계획 대비 실행(as-planned vs as-is) 편차에 대한 일정 분석 및 조치 계획 수립, 기성을 위한 진도 관리(Progress monitoring), 인력과 자재와 같은 자원 관리로 이루어진다.

1.3.5 정보 관리

정보 관리는 전 단계에 걸친 공정 관리 데이터를 수집, 공유, 보관하는 것을 말한다. 기 수행한 프로젝트의 정보를 자산화하여 향후 프로젝트에 활용할 수 있을 뿐 아니라, 프로젝트 수행과정에서 발생 가능한 다양한 이벤트를 자료화하고 프로젝트의 일정-비용에 대한 영향을 분석할 수 있는 근거로 활용하여 클레임을 미연에 방지하거나 조기 종료할 수 있다.

1.4 공정 관리의 단계

공정 관리의 3단계는 기본 계획, 공정 계획, 공정 컨트롤로 구성된다.

- 기본 계획(Planning) : 프로젝트의 공정 계획을 수립하기 위하여, '무엇 (what)을, 어떻게(how), 어디에(where), 누가(by whom)'에 해당하는 기본적인 정보를 정의하고 결정하는 단계
- 공정 계획(Scheduling) : '언제(when)'에 해당하는 시간 요소를 기본 계획

요소에 통합하는 과정으로 기본 계획 단계에서 수집된 정보를 바탕으로 다양한 공정 계획 기법을 활용하여 최적의 공정 계획을 개발 및 확정하는 단계

• 공정 컨트롤(Controlling) : 개발된 최종공정 계획을 바탕으로 프로젝트가 진행될 수 있도록 하며, 실제로 진행된 사항과 계획과의 차이를 분석하여 문제점을 도출하고, 만회대책을 수립하여 프로젝트가 정해진 일정대로 완료될 수 있도록 통제하는 단계

[그림 2]
공정 관리의
3단계

PMI에서 발간한 PMBOK는 공정 관리를 다음과 같이 6개의 프로세스로 나누어 설명하고 있다. 본 서의 구성도 PMBOK에 제시된 절차와 일관되게 공정 관리의 절차에 따라 구성되었다. 그림 3은 개별 프로세스에 대한 핵심 내용을 정의하고 있다.[1]

---

1) 본 서의 내용 및 그림과 표는 '한국씨엠씨, Time Management, 한국씨엠씨, 2013'에서 일부 또는 전부 발췌했음을 밝힌다.

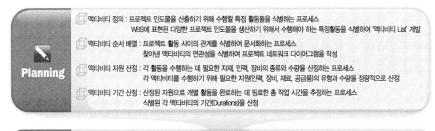

[그림 3]
공정 관리 6개
프로세스

Planning

액티비티 정의 : 프로젝트 인도물을 산출하기 위해 수행할 특정 활동들을 식별하는 프로세스
WBS에 표현된 다양한 프로젝트 인도물을 생산하기 위해서 수행해야 하는 특정활동을 식별하여 '액티비티 List' 개발

액티비티 순서 배열 : 프로젝트 활동 사이의 관계를 식별하여 문서화하는 프로세스
찾아낸 액티비티의 연관성을 식별하여 프로젝트 네트워크 다이어그램을 작성

액티비티 자원 산정 : 각 활동을 수행하는 데 필요한 자재, 인력, 장비의 종류와 수량을 산정하는 프로세스
각 액티비티를 수행하기 위해 필요한 자원(인력, 장비, 재료, 공급품)의 유형과 수량을 정량적으로 산정

액티비티 기간 산정 : 산정된 자원으로 개별 활동을 완료하는 데 필요한 총 작업 시간을 추정하는 프로세스
식별된 각 액티비티의 기간(Durations)을 산정

Scheduling

공정 계획 : 활동순서, 기간, 자원, 요구사항 및 일정 제약사항을 분석하여 프로젝트 일정을 수립하는 프로세스
각 액티비티의 계획 착수일과 계획 종료일을 결정

Controlling

공정 컨트롤 : 프로젝트의 상태를 감시하여 진척사항을 갱신하고 일정 기준선에 대한 변경을 관리하는 프로세스

- 액티비티 정의(Define Activities) : 프로젝트의 산출물을 위한 활동(작업)을 식별하는 프로세스(2장)

- 액티비티 순서 배열(Sequence Activities) : 활동들의 연관성을 식별하여 순서를 작성(Network Diagram)하는 프로세스(3장)

- 액티비티 자원 산정(Estimate Activity Resources) : 활동에 필요한 자재, 인력, 장비 등의 자원을 산정하는 프로세스(4장)

- 액티비티 기간 산정(Estimate Activity Durations) : 산정된 자원에 대해 그 활동에 필요한 기간을 산정하는 프로세스(5장)

- 공정 계획(Develop Schedule) : 활동에 대한 자료를 분석하여 프로젝트의 최종 일정 계획을 수립하는 프로세스(6장)

- 공정 컨트롤(Control Schedule) : 프로젝트의 상태를 감시하여 진척 사항을 갱신하고 공정을 통제하는 프로세스(7장)

chapter 02

액티비티 정의

2.1 프로세스 흐름

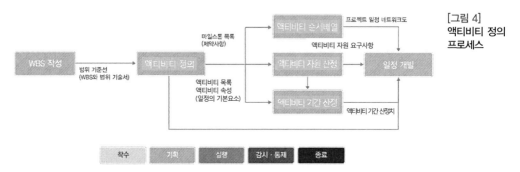

[그림 4]
액티비티 정의 프로세스

* Project Management Institute (PMI), A Guide to the Project Management Body of Knowledge (PMBOK®
Guide) 5th Edition, 2013, p.150의 내용을 수정함

2.2 액티비티 정의

액티비티를 정의하는 것은 프로젝트의 인도물(Project Deliverables)을 관리 가능한 요소로 분할(Decomposition)하는 것을 의미한다. 액티비티 정의 시 처음부터 모든 액티비티를 정의하기는 어렵기 때문에 가까운 미래에 대해서는 상세한 계획을, 먼 미래에 대해서는 개략적인 계획을 수립하여 점진적으로 상세화하도록 한다. 액티비티를 정의할 때는 작업 분류 체계(Work Breakdown Structure : WBS)에 정의된 범위를 누락하지 않도록 주의해야 한다.

직접적인 시공 업무 외에도 제출서류, 인허가사항, 발주자 업무, 구매 업무 등의 프로젝트와 관련된 모든 업무를 포함해야 한다. 공정 계획을 수립할 때는 시공 중심의 공정표를 작성하는 경우가 많아 대부분의 액티비티를 공사 업무 중심으로만 정의하곤 한다. 하지만 실제로 건설 프로젝트의 주요 관리가 필요한 액티비티는 발주자의 요구사항인 제출물과 구매 업무이다. 이들로 인해 프로젝트 진행에 문제와 지연이 발생하는 경우가 많기 때문에 그와 관련된 모든 액티비티를 정의할 필요가 있다.

- 액티비티명은 작업 기능과 위치 정보를 포함한 서술적 설명이어야 한다.
- 액티비티는 공사작업뿐만 아니라 모든 제출물 관련 사항에 대한 사전 승인문서, 설계, 구매 및 시운전을 포함해야 한다.
- 구매 액티비티는 제출, 승인, 구매, 제작, 납품 등을 포함해야 한다.
- 발주자 액티비티는 승인, 검사, 유틸리티 연결, 관급장비 등을 포함해야 한다.
- 모든 액티비티는 하나의 책임코드가 명확히 할당되어야 한다.

2.3 산출물

액티비티 정의 프로세스의 최종 산출물은 액티비티 목록과 액티비티 속성 정보, 마일스톤 목록 등을 포함하며, 각 목록에 대한 상세한 내용은 다음과 같다.

- 액티비티 목록 : 프로젝트의 팀원이 수행해야 할 업무 및 관련된 모든 업무를 정리한 목록
- 액티비티 속성 : 위에서 정리된 목록에 대한 구체적인 내용을 정리한 것
- 활동 식별 코드, 활동에 대한 설명, 선행 활동, 후행 활동, 논리적 관계, 선도, 지연
- 자원 요구사항, 지정일자, 제약사항, 가정사항, 활동 수행의 책임자, 활동

수행 지역 등

- 세분 업무(Discrete Effort) : 명확하게 식별할 수 있고 진척률을 평가할 수 있는 노력으로, 최종 제품이나 서비스, 결과에 관련된 업무
- 배분 업무(Apportioned Effort) : 특정 활동을 지원하는 업무로, 어떤 업무 안에 전혀 다른 업무가 포함되어 있는 경우
- 노력 수준(Level of Effort) : 기간이 경과될 때 자동으로 완료로 처리하는 노력으로, 산출물에 직접적으로 관여되는 것이 아니라 관리, 감독 역할 등의 업무
- 마일스톤 목록 : 중요한 시점을 의미하는 것, 프로젝트 제약사항이나 주요 관리시점을 정리한 목록

2.4 액티비티 스텝

액티비티의 상세 수준은 프로젝트의 특성에 따라 다를 수 있지만, 일반적으로는 일(Day) 기준으로 25일 이내의 기간을 갖는 수준으로 정의한다. 액티비티를 더욱 상세한 수준으로 분할해야 관리를 정확하게 할 수 있다고 생각하지만, 너무 많은 수의 액티비티를 정의하게 되면 오히려 관리상에 문제나 한계가 발생할 수도 있다. 따라서 액티비티는 적정 수준으로 정의하고 액티비티 하위 수준으로 스텝을 생성하여 별도 관리하는 것이 바람직하다.

스텝은 액티비티는 아니지만 액티비티 내에서 보다 상세한 관리가 필요한 사항으로 구성된다. 스텝을 모두 합치면 하나의 액티비티가 된다.

[그림 5]
철근콘크리트
공사의 스텝

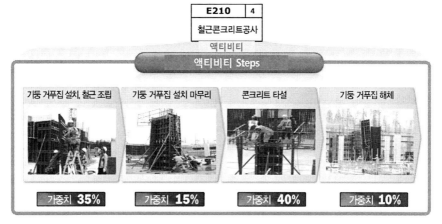

스텝의 경우 액티비티 수준에서의 관리만큼 비중을 차지하는 것은 아니지만, 액티비티 내의 작업을 그림 5처럼 체크리스트 형태로 관리할 수 있다. 가중치는 각 스텝별 금액, 기간, 인력 투입에 따라 적정한 백분율(%)을 입력하여 해당 액티비티의 진도율 산정 기준으로 활용한다.

[그림 6]
철근콘크리트
공사의 체크리
스트

작업 진도체크리스트(Activity Progress Checklist)					
Activity ID	E210	**Original Duration**	4 day(s)	**NO**	APC_C0001
Activity Description		철근콘크리트공사			
Activity Calendar			**Location**		

1. 일반사항

구분	빠른일정 (Early)	실적 (Actual)	총 여유일 (TF)	
Start			공정율 (P.C)	
Finish			기성예정금액 (A.C)	

2. 사전 승인 사항

승인항목	일정	관련근거 및 문서번호	승인유무	비고
1. 승인요청서(ENG Form 4005)			Y/N	
2. 예비단계검수 (P.I)			Y/N	
3. 초기단계검수 (I.I)			Y/N	

3. Activity 단위 작업

단위작업	가중치	완료예정일	관련근거 및 문서번호	확인 (QAR)	비고
1. 기둥 거푸집 설치, 철근 조립	35%			Y/N	
2. 기둥 거푸집 설치 마무리	15%			Y/N	
3. 콘크리트타설	40%			Y/N	
4. 기둥 거푸집 해체	10%			Y/N	

4. 주요 품질 지적 사항 (NCR : Non-Conformance Report)

NCR No	지적사항	처리 현황	확인 (QAR)	비고
			Y/N	
			Y/N	

5. LEED

LEED Code	LEED ID	LEED Name	확인 (AP)	비고
			Y/N	

7. 선 행 작 업 (Predecessors)

WBS Code	Activity ID	Activity Name	Relationship Type	Lag
0.4.3.1	4310575	굴착	SS	0

8. 후 행 작 업 (Successors)

WBS Code	Activity ID	Activity Name	Relationship Type	Lag
0.4.3.1	4310575	굴착	SS	0

9. 서명

시 공 사			HKCMC		
담당자	CQCSM		담당자	QAR	
	Scheduler			CMS	

[그림 7]
해외 프로젝트
스텝 활용 예시

• Engineering

Sample 1

30% Design	90% Design	Comment or Approval	Final Rev.
0%	0%	0%	100%

Sample 2(For Approval)

Draft Start	Draft Complete	Squad Check Complete	Issue for **Approval**	Received Comments	Issue for Construction
10%	40%	20%	10%	10%	10%

Sample 3(For Review)

Draft Start	Draft Complete	Squad Check Complete	Issue for **Review**	Received Comments	Issue for Construction
10%	40%	20%	10%	10%	10%

Sample 4 (For Information)

Draft Start	Draft Complete	Squad Check Complete	Issue for **Information**
10%	40%	20%	30%

• Procurement

Sample 1

MPR / TMS Submitted	MPR / TMS Approved	NOL Received	Issue for PO	Manufacture & Ship	Delivery
0%	0%	0%	20%	40%	40%

Sample 2 (Equipment)

RFQ Issue	Bid Closing	TBE Complete	Purchase Order Issue	Receive Vendor Data
5%	5%	10%	10%	5%
Approve Vendor Data	MFG Complete	FAT	Shipping (FOB)	DTS
10%	35%	5%	10%	5%

Sample 3 (Bulk)

RFQ Issue	Bid Closing	TBE Complete	Purchase Order Issue	FAT	Shipping (FOB)	DTS
5%	5%	10%	10%	55%	10%	5%

• MPR : Material Purchase Requisition
• TMS : Technical Material Submittal
• NOL : No Objection Letter
• RFQ : Request for Quotation
• TBE : Technical Bid Evaluation(입찰서 기술 검토)
• MFG Complete : Manufacturing Complete and Ready for FAT
• FAT : Factory Acceptance Test complete for main part
• FOB : Free on Board
• DTS : Delivery to Site

연습문제_액티비티 정의 실습

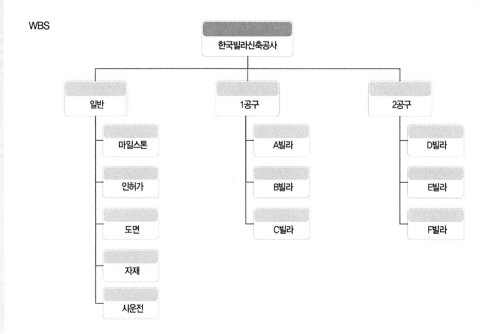

WBS

한국빌라신축공사
- 일반
  - 마일스톤
  - 인허가
  - 도면
  - 자재
  - 시운전
- 1공구
  - A빌라
  - B빌라
  - C빌라
- 2공구
  - D빌라
  - E빌라
  - F빌라

위의 WBS를 참고하여 액티비티를 정의하시오.

WBS	액티비티명
마일스톤	
인허가	
도면	
자재	
시운전	

WBS	액티비티명
A빌라	
B빌라	
C빌라	

WBS	액티비티명
D빌라	
E빌라	
F빌라	

chapter 03

액티비티 순서 배열

3.1 프로세스 흐름

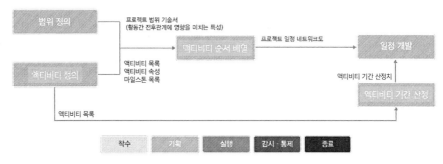

[그림 8]
액티비티 순서
배열 프로세스

* Project Management Institute (PMI), A Guide to the Project Management Body of Knowledge (PMBOK®
  Guide) 5th Edition, 2013, p.154의 내용을 수정함

3.2 의존관계 결정

액티비티 정의가 끝나면 다양한 액티비티에 대해서 상호 의존관계
를 결정해야 한다. 각 액티비티의 특성을 고려하여 그들 간의 의존관
계를 결정하면 프로젝트의 기간을 산정할 수 있다. 의존관계의 유형
은 다음과 같이 3가지로 구분한다.

- 의무적 의존관계(Mandatory Dependencies) : 작업의 성격상 또는 계약서
  에서 요구하는 관계 : 예) 기초공사를 완료해야 지상건물을 세울 수 있다.
  물리적(Physical Dependencies) 또는 경성 논리(Hard Logic)라고도 한다.
- 임의적 의존관계(Discretionary Dependencies) : 작업의 순서를 팀원 또

는 팀장이 임의적으로 결정하는 관계-선호 논리(Preferred Logic), 우선
논리(Preferential Logic), 연성 논리(Soft Logic)라고도 한다.
- 외부적 의존관계(External Dependencies) : 프로젝트 범위 외의 액티비티
와 프로젝트 액티비티의 관계-상이한 프로젝트의 액티비티 간의 관계이다.

여기서 주의해야 할 사항은 의무적인 의존관계(Hard Logic)와 임
의적인 의존관계(Soft Logic)를 정확히 구분하는 것이다. 다양한 조
사와 분석을 통해 적절한 의사 결정을 도출하여 의미 있는 프로젝트
수행 시퀀스를 결정하는 것이 중요하다.

3.3 관리 기법의 종류

건설사업을 추진하는 데 중심이 되는 것은 계획과 실행이다. 이것
을 관리하는 기본 요소는 비용과 시간이다. 비용과 시간을 계획·실
행·통제·개선하여 건설사업 관리 능력을 향상시킬 수 있는 관리 기
법에는 다음과 같은 것들이 있다. 최근에는 이 외에도 다양한 관리
기법들이 소개되고 있다. 이러한 여러 가지 관리 기법들은 각기 다른
표현 및 운영 방법들을 가지고 있다. 최근에는 전산화 처리 방법의
발전에 따라 여러 형태의 처리 방식과 서식 도표 등이 다양하게 발전
하여 건설관리 기법에 많은 변화를 주고 있으며, 각 기법의 특성에
따라 건설사업 관리에 효과적으로 적용·활용되고 있다.

- 바 차트(간트 차트)
- 마일스톤 차트
- CPM(Critical Path Method)
- PERT(Program Evaluation & Review Techniques)
- LOB(Line of Balance)

3.3.1 바차트

제1차 세계대전 중 헨리 로렌스 간트(Henry Laurence Gantt)가 미 육군 병기국에서 병기생산을 위해 처음으로 이와 같은 양식을 사용했다. 시간을 도식적으로 표기하고 작업을 막대(Bar) 형태로 표현한 가장 기초적인 관리 기법이다.

[그림 9]
바차트 예시

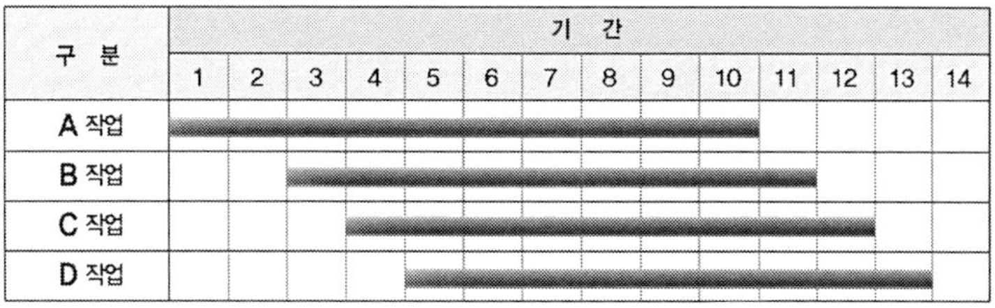

구 분	기 간													
	1	2	3	4	5	6	7	8	9	10	11	12	13	14
A 작업														
B 작업														
C 작업														
D 작업														

• 장점 : 액티비티의 기간 및 진행정도를 파악하기 쉽다.
• 단점 : 액티비티 간의 의존관계를 표시할 수 없고, 특정 액티비티의 일정 변경이 다른 액티비티에 어떤 영향을 주는지 파악하기 어렵다.

3.3.2 마일스톤 차트

공정의 진도를 관리하기 위해 중간관리일을 표시한 것으로 공사 관리상 특히 중요한 액티비티나 시간을 보여준다. 간트 차트와 마찬가지로 프로젝트의 중요한 일시를 한눈에 파악할 수 있도록 표현한 기법이다. 경영진, 임원진들에게 보고할 때 많이 활용되는 기법이다.

[그림 10]
마일스톤 차트

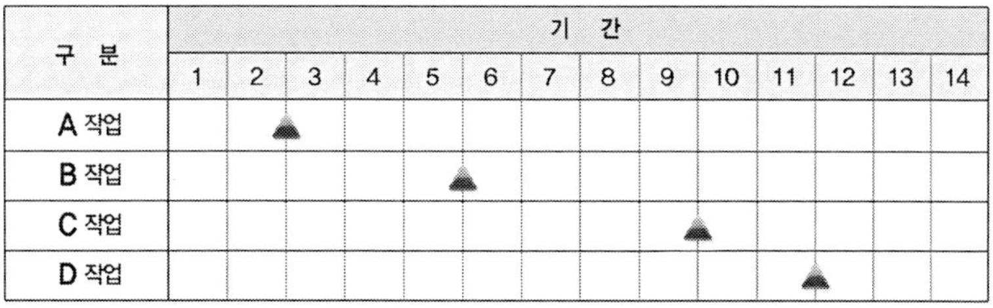

구 분	기 간													
	1	2	3	4	5	6	7	8	9	10	11	12	13	14
A 작업		▲												
B 작업					▲									
C 작업									▲					
D 작업											▲			

- 장점 : 중요한 정보만을 한눈에 빠르게 파악할 수 있다.
- 단점 : 액티비티의 과정이나 원인 등과 같은 구체적인 내용을 파악하기가 어렵다.

3.3.3 CPM

CPM(Critical Path Method)은 1956년에 플랜트의 설계, 건설 계획 수립에 사용하고자 미국의 듀퐁(Dupont)사와 레밍턴(Remington)사가 공동으로 개발하였다. 액티비티 소요 시간과 액티비티 간의 의존관계에 의한 공기의 최장 경로, 즉 주공정선(Critical Path)을 찾고 이를 중점적으로 관리하는 기법이다.

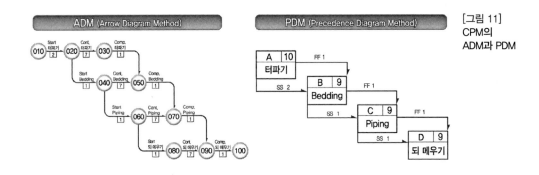

[그림 11]
CPM의
ADM과 PDM

- 장점 : 액티비티 간의 의존관계를 파악할 수 있고, 개별 액티비티의 일정이 변경되었을 경우 다른 액티비티에 미치는 영향을 파악할 수 있다.
- 단점 : 액티비티에 문제가 생기거나 기타 요인으로 재작업을 해야 하는 경우, 앞의 액티비티로 돌아가야 하는 순환 액티비티 같은 논리 표현이 불가능하다.

3.3.4 PERT

PERT(Program Evaluation and Review Technique)는 1958년 미 해군 특별 계획부가 무기개발 사업을 관리하기 위해 개발하였다.

이 기법은 신규 사업과 같이 공사 기간 산정이 어려울 경우 각 액티비티의 기간을 '3점 추정법'을 바탕으로 산정한다. CPM 기법과 동일한 다이어그래밍 방식을 사용하며, 액티비티의 기간을 3점 추정법을 이용하는 것만 다르다.

$$T_e = \frac{T_o + 4\,T_m + T_p}{6}$$

PERT 기법에서는 앞의 식과 같이 액티비티의 일정을 T_o(낙관적인 전망치), T_m(가장 공산이 큰 전망치), T_p(비관적인 전망치)를 바탕으로 Te(액티비티 기간 기대치)를 산정한다.

[그림 12]
PERT

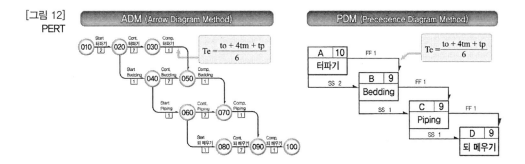

3.3.5 선형 공정 관리(Linear Scheduling)

선형 공정 관리는 Linear Scheduling 또는 Line of Balance (LOB)로 불리며, 도로공사, 초고층공사, 파이프공사와 같이 반복된 작업이 주로 발생하는 건설 프로젝트의 공정 관리를 위해 사용 가능한 도식화 기법이다. 그림 13처럼 일반적으로 X축을 시간으로 Y축을 위치(Location)로 표기하여 시간의 경과에 따른 작업의 진행률을 선형으로 나타낸다. 따라서 작업의 진행 속도, 즉 직선의 기울기는 해당 작업의 생산성을 나타내고, 프로젝트 종료시점은 마지막 액티비티가 종료하는 부분의 X축 좌표가 된다.

그림 14는 액티비티 A, B, C로 이루어진 선형 공정의 예시이다. 세 액티비티의 직선의 기울기가 급할수록 생산성이 높은 것을 알 수 있고(A>C>B), 세 액티비티가 교차하는 곳이 없으므로 작업 간의 충돌(Conflict)이 발생하지 않는 것을 알 수 있다. 또한 액티비티 A와 B 사이에 예시된 횡적 거리는 동일 작업위치에서 발생하는 두 액티비티 간의 시간 버퍼(Time buffer)이고, 액티비티 B와 C 사이에 예시된 종적 거리는 동일 시간에 발생하는 두 액티비티 간의 공간 버퍼(Space buffer)가 된다.

만약 예시된 그림의 액티비티 B의 작업 기간을 단축하여 전체 공기를 단축해야 할 필요가 있는 경우, 액티비티 B에 더 생산성이 높은 자원(예 : 건설장비)을 투입하거나, 2개 이상의 작업조를 투입하여 동시작업을 수행하는 것을 고려할 수 있다(그림 15).

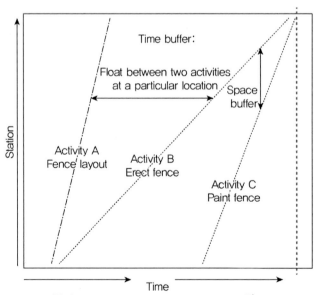

[그림 13]
선형 공정
관리 예시

(출처 : Construction Planning and Scheduling, 2nd Ed. Jimmie W. Hinze, 2003)

[그림 14]
액티비티 B의
생산성을
향상시킨 경우

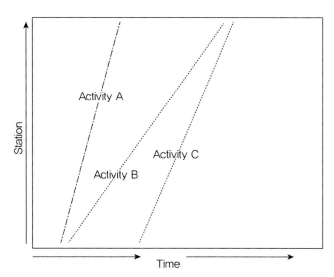

(출처 : Construction Planning and Scheduling, 2nd Ed. Jimmie W. Hinze, 2003)

[그림 15]
액티비티 B에
두 독립된
작업조를
투입한 경우

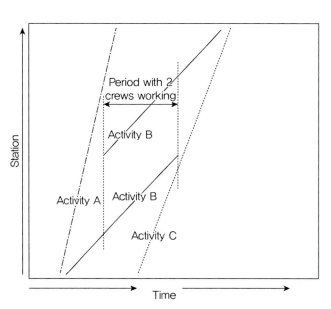

(출처 : Construction Planning and Scheduling, 2nd Ed. Jimmie W. Hinze, 2003)

연습문제_바차트 실습

1. 다음 표를 참조하여 바차트를 그리시오.

- 이 건물은 시멘트 벽돌의 축벽으로 이루어진 프리캐스트 구조이며, 지붕은 Plank를 Precast하여 진행하였다.
- 내벽들은 Metal lath에 미장을 하였고, 천장은 설치되어 있으며, 에어컨은 독립적인 개체이다.
- 기초공사와 평탄화는 종료되어 있으며, 이 프로젝트에서는 외장공사는 고려되지 않는다.
- 모든 자재는 조달을 요구하지 않으며, 이미 현장에 적재되어 있다고 가정한다.

Office Buildingr

액티비티	Duration
Erect precast structure & roof	10
Exterior masonry	10
Exterior doors	5
Ductwork	15
Install & test piping	14
Glazing(install glass work)	5
Package air conditioning	5
Lath partitions(base for plaster)	5
Pull wire	10
Paint exterior	10
install backing boxes & conduit	14
Floor tile	10
Wood trim	10
Paint interior	10
Plaster scratch coat(first coat)	5
Install electric panel terminal & terminate	15
Electric connection to air conditioning	4
Install ceiling grid	5
Built—up roof	5
Plaster white coat(Final coat)	10
Ceramic tile	10
Toilet fixtures	5
Acoustic tile	10
Ringout(Electrical checkout)	5
Hang interior doors	5
Accept Building	2

액티비티	Duration	10	20	30	40	50	60
Erect precast structure & roof	10						
Exterior masonry	10						
Exterior doors	5						
Ductwork	15						
Install & test piping	14						
Glazing(install glass work)	5						
Package air conditioning	5						
Lath partitions(base for plaster)	5						
Pull wire	10						
Paint exterior	10						
install backing boxes & conduit	14						
Floor tile	10						
Wood trim	10						
Paint interior	10						
Plaster scratch coat(first coat)	5						
Install electric panel terminal & terminate	15						
Electric connection to air conditioning	4						
Install ceiling grid	5						
Built-up roof	5						
Plaster white coat(Final coat)	10						
Ceramic tile	10						
Toilet fixtures	5						
Acoustic tile	10						
Ringout(Electrical checkout)	5						
Hang interior doors	5						
Accept Building	2						

▌연습문제_액티비티 순서 배열 실습

1. 다음을 참조하여 Logic을 그리시오.

- 프로젝트가 시작되면, 'W', 'A', 'L'은 처음 액티비티이고, 동시에 시작될 수 있다.
- 'C'는 'W'의 후행이다.
- 'E'는 'A'가 완료될 때까지 시작할 수 없다.
- 'S'가 시작하는 것은 'L'의 완료에 달려 있다.
- 'M'이 시작하는 것은 'A'의 완료에 달려 있다.
- 'C'와 'M'은 'B'가 시작하기 전에 반드시 완료되어야 한다.
- 'O'는 'A'가 완료될 때까지 시작할 수 없고, 반드시 'S'와 함께 완료되어야만 'X'가 시작할 수 있다.
- 'B', 'E', 'X'는 병렬 액티비티이며, 모두 완료되면 프로젝트가 완료된다.

2. 다음을 참조하여 Logic을 그리시오.

- 'P'는 'M'의 선행이다.
- 'C', 'F', 'W'는 병렬 작업이고, 처음 액티비티이다.
- 'Y'는 'F'의 후행이다.
- 'C'는 'I', 'P', 'Q'의 시작을 제지한다.
- 'A'는 'W'가 완료된 후에 시작할 수 있다.
- 'I'는 'A'의 후행이다.
- 'Q'는 'Y'의 후행이다.
- 'I'는 'O'가 시작하기 전에 실행되어야 한다.
- 'M', 'O', 'H'는 반드시 'X' 전에 완료되어야 하고, 'X'는 가장 마지막으로 실행된다.
- 'Q'는 'H' 전에 완료되어야 한다.

3. 다음을 참조하여 Logic을 그리시오.

- 'S'는 프로젝트의 종료를 의미하는 마일스톤이다.
- 'A'는 'O'의 후행이다.
- 'M'과 'L'은 'P'의 후행으로 동시에 시작할 수 있고, 'P'는 프로젝트의 시작을 의미하는 마일스톤이다.
- 'H'는 'L'의 후행이다.
- 'B'와 'E'는 둘 다 동시에 완료될 수 있지만, 'M'이 완료된 후에만 가능하다.
- 'B'는 'O'의 선행이다.
- 'M'은 'R'의 시작을 제지하고, 'R'은 'H'의 후행이다.
- 'R'은 'G'의 선행이다.
- 'E'와 'R'은 무조건 'G'가 시작되기 전에 완료되어야 한다.
- 'A'는 'O'와 'E'가 완료될 때까지 시작할 수 없다.
- 'A'와 'G'는 같이 완료될 수 있고, 'S'는 'A'와 'G'가 모두 완료되어야 시작할 수 있다.

4. 다음을 참조하여 Logic을 그리시오.

- 'A'는 'H'의 후행이고, 'K'의 병렬 선행 액티비티중 하나인 액티비티이다.
- 'K'는 가장 마지막 액티비티이자 프로젝트의 종료를 의미하는 마일스톤이다.
- 'B'는 'I'의 후행이고, 'E'와 'G'와 함께 동시에 시작할 수 있다.
- 'C'는 'J'의 후행이고, 'I'와 병렬 작업이다.
- 'D'는 'E'의 후행이고, 'K'의 병렬 선행 액티비티 중 하나이다.
- 'E'는 'I'의 후행이다.
- 'F'는 'B'와 'G'가 완료된 후 시작하며, 'K'의 병렬 선행 액티비티 중 하나인 액티비티이다.
- 'G'는 'I'의 후행이고, 'H'와 'F'가 끝나기 전까지 'C'와 함께 완료되어야 한다.
- 'H'는 'A'의 선행이고, 'B', 'G', 'C'가 완료되어야 시작할 수 있다.
- 'I'는 'J'의 후행이다.
- 'J'는 가장 처음 액티비티이자, 프로젝트의 시작을 의미하는 마일스톤이다.

3.4 네트워크 기법의 이론(ADM, PDM)

3.4.1 네트워크의 종류

네트워크는 표현 방법에 따라 크게 ADM(Arrow Diagram Method)과 PDM(Precedence Diagram Method)으로 나눌 수 있다. 관리 단계 및 사용 방법에 따라 분류되는 단계별 네트워크의 종류는 마스터 네트워크(Level I), 요약 네트워크(Level II), 유닛 네트워크(Level III), 상세(Detail) 네트워크(Level IV)로 구분된다. 관리 분야 및 사용 목적에 따라서는 엔지니어링 네트워크, 조달(Procurement) 네트워크, 시공(Construction) 네트워크, 스타트업(Start-Up) 네트워크로 구분된다.

3.4.2 관리 기법에 따른 분류(ADM / PDM)

네트워크는 화살표(arrow)와 노드(Event or Node)로 구성되어 있으며 이것들을 상호 의존관계를 표시하는 데 사용된다. 이 중에서 기본 이론 중심으로 만들어진 것이 ADM이고, 이것을 건설공사 운영에 적절하게 보완하고 발전시킨 것이 PDM이다.

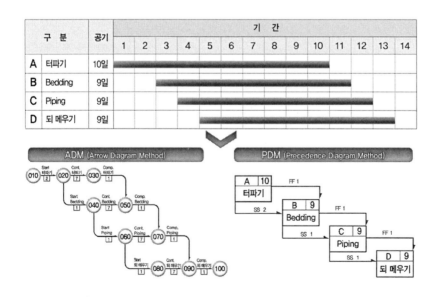

[그림 16]
네트워크
다이어그램
비교

1) ADM

ADM은 작업을 노드 번호로 정의하기 때문에 i-j 방식[2]으로 불리기도 하고, 작업을 화살표로 표시한다고 해서 AOA(Activity on Arrow) 방식으로도 불린다.

[그림 17]
ADM 작성 예

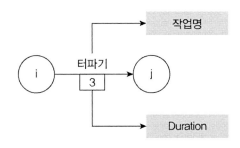

- 액티비티를 화살표(Arrow)로 표시한다.
- 작업의 선·후행 관계가 명확하다(Finish to Start 방식만 존재한다).
- 명목상의 액티비티(더미)가 존재한다.
- 액티비티의 선·후행 관계가 명확해야 하므로 액티비티의 분류나 관리가 힘들다.

2) PDM

PDM은 액티비티가 노드로 표현되기 때문에 AON(Activity on Node)라고도 불리며, 화살표(Arrow)는 작업의 의존관계만을 나타낸다.

---

2) i-j 방식에서 'i'는 Initial Event Number의 약자로 'j'는 Junction Event Number의 약자로서 나타낸 것이며 i-j Number는 작업(액티비티)의 Number, 즉 액티비티 ID를 지칭하는 것이다.

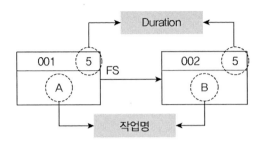

[그림 18]
PDM 작성 예

- 액티비티는 노드(Node)로 표현한다.

- 작업의 선·후행 관계는 다음의 4가지 유형이 있다.

  - FS : Finish to Start

  - SS : Start to Start

  - FF : Finish to Finish

  - SF : Start to Finish

  ※ 앞의 4가지 중 SS, FF에 대한 이해를 정확히 해야 한다. SS는 선행 액티비티가 시작해야 후행 액티비티를 시작할 수 있다는 것이고, FF는 선행 액티비티가 끝나야 후행 액티비티가 끝날 수 있다는 조건을 의미한다. 즉, 선행조건이 행해져야 후행 액티비티를 착수하거나 종료할 수 있다는 것이다. 간혹 SS를 '같이 시작한다'라고 생각할 수 있는데 이것은 잘못된 이해이다.

- 명목상의 액티비티(더미)가 존재하지 않는다.

- 액티비티의 선·후행 관계에 대한 표현이 다양하기 때문에 분류가 쉽고 관리하기가 용이하다.

- 시간적 독해의 어려움이 있다.

[그림 19]
의존관계에
따른 ADM
네트워크와
PDM
네트워크 비교

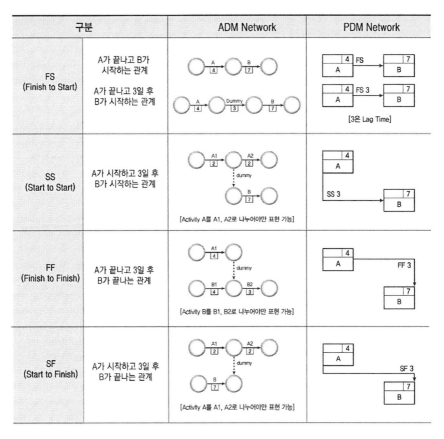

구분		ADM Network	PDM Network
FS (Finish to Start)	A가 끝나고 B가 시작하는 관계		
	A가 끝나고 3일 후 B가 시작하는 관계		[3은 Lag Time]
SS (Start to Start)	A가 시작하고 3일 후 B가 시작하는 관계	[Activity A를 A1, A2로 나누어야만 표현 가능]	
FF (Finish to Finish)	A가 끝나고 3일 후 B가 끝나는 관계	[Activity B를 B1, B2로 나누어야만 표현 가능]	
SF (Start to Finish)	A가 시작하고 3일 후 B가 끝나는 관계	[Activity A를 A1, A2로 나누어야만 표현 가능]	

3.5 PDM 네트워크 다이어그램의 구성

3.5.1 액티비티

WBS에 의해 분류된 단위 액티비티를 표현하는 방법은 두 가지가 있다. 화살표(Arrow)로 표기한 것이 ADM의 액티비티 (1)이고 노드 (사각형 박스)로 표기한 것이 PDM의 액티비티 (2)이다. 액티비티를 표현할 때 액티비티명, 기간, ID, 작업 번호 등을 표기하며 필요시 소요 금액 등을 병기하기도 한다. 다음 그림은 네트워크 다이어그램 작성 시 ADM과 PDM의 액티비티의 표현 방법을 나타낸 것이다.

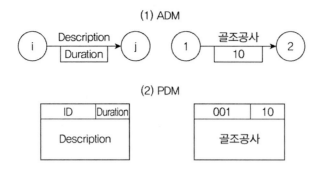

[그림 20]
ADM과
PDM의
단위작업 표현

3.5.2 네트워크의 작성

PDM 방식의 특징은 액티비티들이 4가지의 관계(FS, SS, FF, SF)로 연결된다는 것이다. PDM 방식이 ADM 방식처럼 작업의 선·후행 관계를 순차적으로 나열하지 않는 형식을 띄는 주요한 이유가 된다. PDM 방식은 작업 간의 관계를 나타내는 4가지 형태의 관계(Relation)를 화살표로 표기하고 FS, SS, FF, SF 등을 생략하는 경우가 있다. 작업 간의 의존관계는 두 액티비티를 연결하는 화살표의 시작과 끝이 각 액티비티의 어느 면에 연결되는가에 따라 표현된다.

[그림 21]
Start, Finish
의존관계 표시
기점

위의 그림에서처럼 화살표가 시작되거나 들어오는 위치로서 각 의존관계의 형태를 표기하기도 한다. 즉 액티비티에서 Start 지점과 Finish 지점에서 시작은 화살표는 작업 간의 의존관계에서 S, F로 시작되는 것을 의미하게 된다. 물론 이 위치로 들어오는 화살표는 S, F로 끝이 나는 의존관계를 나타낸다. 다음 그림은 이러한 4가지 종류의 의존관계를 다양한 방법으로 표현한 것이다.

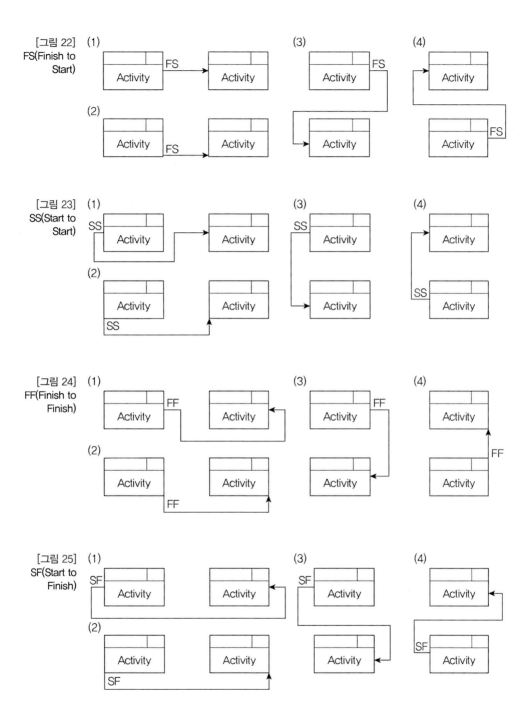

[그림 22] FS(Finish to Start)

[그림 23] SS(Start to Start)

[그림 24] FF(Finish to Finish)

[그림 25] SF(Start to Finish)

※ Unified Facilities Guide Specifications (UFGS) 01.32.01.00 10 (Project Schedule)

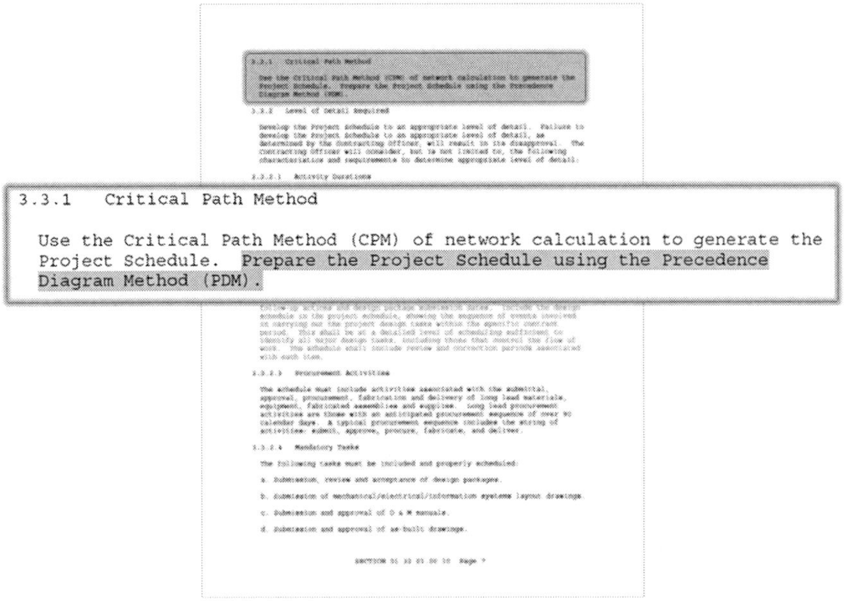

[그림 26]
CPM / PDM
사용에 대한
요구사항

3.3.1　　Critical Path Method

Use the Critical Path Method (CPM) of network calculation to generate the Project Schedule. Prepare the Project Schedule using the Precedence Diagram Method (PDM).

[그림 27]
SF 관계 사용을
금지하는 조항

3.3.7　　Negative Lags and Start to Finish Relationships

Lag durations contained in the project schedule shall not have a negative value. Do not use Start to Finish (SF) relationships.

3.5.3 래그(Lag)

래그는 두 이벤트 사이의 특정 시간 간격을 의미한다. 다음 그림처럼 래그를 이용하면 액티비티 A가 종료하고 3일 후에 액티비티 B를 시작할 수 있다. 래그를 활용할 경우 혼란을 피하기 위해 양수만 사용하는 것을 원칙으로 한다.

[그림 28]
래그(Lag)
표현

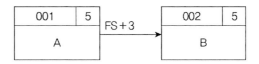

※ Unified Facilities Guide Specifications (UFGS) 01.32.01.00 10 (Project Schedule)

[그림 29]

3.5.4 선·후행 배열 방식

다음 그림은 앞서 정의된 FS, SS, FF, SF의 액티비티 의존관계 표현법을 적용한 예시를 보여준다.

[그림 30]
선·후행 배열
방식

3.5.5 그룹 배열방식

네트워크 배열 시 WBS의 Level이나 그룹별로 배열하고 각 작업의
선·후행 관계는 화살표로 표기하는 방식을 사용하기도 한다. 이 방
법은 의존관계 표현이 복잡해지는 단점이 있지만 그룹별로 액티비티
가 분류되어 있어 한눈에 파악이 쉽다는 장점이 있다.

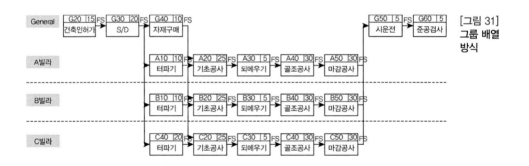

[그림 31]
그룹 배열
방식

3.5.6 주요 관리 기준점 및 액티비티(마일스톤 액티비티)

마일스톤 액티비티는 네트워크상에 있는 많은 액티비티들 중 프로
젝트 목표를 달성하기 위하여 주요한 점검이 필요한 기준점이나 액
티비티를 의미한다. 마일스톤 액티비티에는 다음과 같은 것들이 있다.

- 프로젝트의 착수, 완료 시점
- 주요 자재의 발주나 조달의 시작, 완료 시점

- 주요 공정의 착수, 완료 시점
- 주요 장비나 기기들의 설치, 완료 시점
- 그 외 관리적으로 점검이나 확인이 필요한 시점

이와 같은 시점이나 액티비티를 네트워크에 표기하여 관리 기준 항목으로 별도 관리한다. 이렇게 기준 시점에 대한 관리 항목을 마일스톤이라고 한다. 또한 마일스톤은 여러 레벨의 공정표를 분리하고, 취합하는 기준점으로 활용되기도 한다.

[그림 32]
마일스톤 작성 방법

주요 관리 기준점 및 작업에는 다음과 같은 것들이 있다.

- 인허가 시작 : N.T.P.(Notice to Proceed) 시점
- 골조공사 완료 : 골조공사 완료 시점
- 도장공사 완료 : 마감공사 완료 시점
- 준공검사 완료 : C.C.D.(Construction Complete Date) 시점

[그림 33]
입찰안내서에
규정된
마일스톤 예시

제약사항 예시

제 35조(중간 공정 관리일) ① 계약상대자는 설계서에 명시된 다음 주요공정에 대한 중간공정관리일 (이하 "관리일" 이라 한다) 을 준수하여야 한다.

1. 초기제출물 승인완료일 : NTP + 3개월(90일)
2. 1층 바닥 콘크리트 타설 완료일 : NTP + 8개월(240일)
3. 전체 지붕골조공사(철골 포함) 완료일 : NTP + 13개월(390일)
4. Test & Commissioning : CCD 3개월(90일)전 착수, 1개월(30일) 전 완료

② 계약상대자는 해당 중간공정관리일 준수가 가능할 경우 공사 완료 1일전까지 "중간공정관리일 완료확인원" 을 제출하여야 하며, 준수가 불가능할 경우 관리일 3일 전에 중간 공정관리일 확인원에 완료예정일과 공정만회 대책을 첨부 제출하여야 한다.

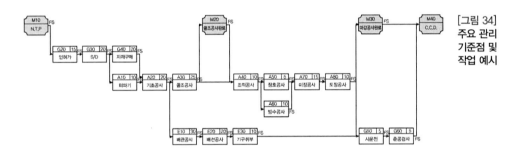

[그림 34]
주요 관리
기준점 및
작업 예시

3.5.7 하위 – 네트워크(Sub – Network)

마스터 네트워크, 즉 레벨 I 공정표는 하위 레벨(레벨 II, III, IV 등) 공정표로 세분화될 수 있다. 예를 들어 레벨 I에서의 액티비티 A 는 레벨 II에서 다수의 액티비티로 표현된다. 다시 말해 레벨 I의 액티비티 A는 레벨 II의 다수의 액티비티의 집합으로 볼 수 있다. 이렇게 기준이 되거나, 반복적이거나 단계적인 정리가 필요할 때 사용되는 것이 하위–네트워크 개념이다. 그러나 최소한 Level III 이하에서 실제 실행 가능한 작업을 지칭하는 것이 일반적인 하위–네트워크의 개념이다. 다음 그림은 골조공사의 하위-네트워크를 보여준다.

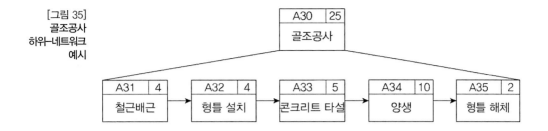

[그림 35]
골조공사
하위-네트워크
예시

또한 액티비티의 변경이나 설계변경(Change Order) 등에 의하여
기존의 네트워크를 발췌 및 수정할 때 또는 부분적인 다이어그램을
작성할 때에도 하위-네트워크를 작성한다. 다음 그림은 전체 공정
표에서 설계 변경으로 인하여 발생된 액티비티를 추가한 것이다.

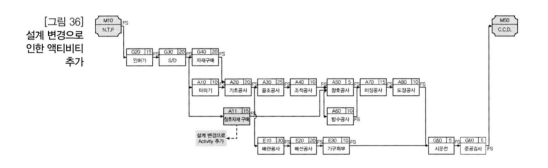

[그림 36]
설계 변경으로
인한 액티비티
추가

다음 그림은 이 추가 액티비티에 대한 하위-네트워크를 보여준다.

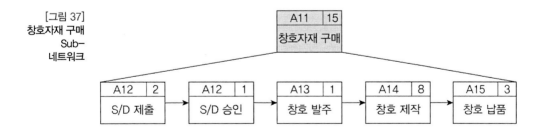

[그림 37]
창호자재 구매
Sub-
네트워크

3.5.8 요약 액티비티(Hammock 액티비티)

요약 액티비티는 동일한 계열, 동일한 공종, 동일한 레벨 등과 같이 공정표상에서 여러 액티비티들의 자료를 취합하거나 분류하는 목적으로 사용된다. 때에 따라서는 요약된 공정표를 작성하거나, 단계별 공정표를 작성하는 데 사용된다. 이 요약 액티비티의 공사 기간은 종속된 작업들의 연산으로 계산되고 변하기 때문에 별도로 계산될 필요는 없다. 즉 요약 액티비티는 합계의 의미만을 가지고 있을 뿐 액티비티로서 공정표상에 어떠한 영향을 주지는 않는다.

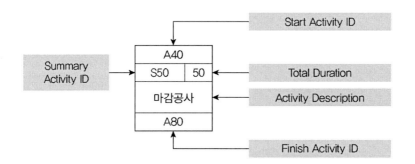

[그림 38]
요약 액티비티
작성

요약 액티비티는 다음 그림처럼 하나의 구간(Span) 속에 포함된 작업들을 취합한다는 의미를 갖고 있다. 그림에 표기된 요약 액티비티 '마감공사'는 조적공사에서 도장공사까지를 포함하고, 요약 액티비티 '설비공사'는 배관공사에서 기구취부까지를 포함한다. 요약 액티비티의 기간은 포함된 액티비티들 중 처음 액티비티의 착수 일자(ES, LS)와 마지막 액티비티의 종료 일자(EF, LF)에 의해 정해진다.

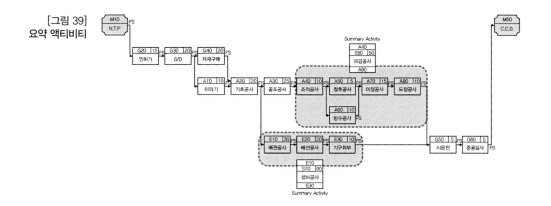

[그림 39]
요약 액티비티

3.5.9 링크 액티비티(Link Activity)

프로젝트 공정표를 한 면에 보기 좋게 작성하면 좋지만, 다음과 같은 이유로 전체 공정표를 한 면에 표현하는 것은 사실상 불가능하다.

- 작업(액티비티)의 수가 많을 때
- 공사 성격상 그룹 / 공통 / 부서 등의 구분이 필요할 때
- 레벨을 달리하여 작성해야 할 때
- 타 프로젝트와 연계되어 상호 의존관계를 작성할 때

따라서 여러 장으로 공정표를 표현하게 되는데, 이때 액티비티 사이의 의존관계가 끊어진 것처럼 보일 수 있다. 이런 경우 링크 액티비티를 사용하여 액티비티의 선·후행 의존관계를 표현한다. 다음 그림은 링크 액티비티를 표현하는 방식이다.

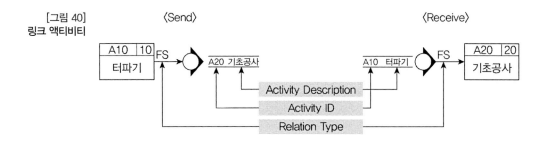

[그림 40]
링크 액티비티

다음 두 그림은 링크 액티비티 표현방법에 관한 내용이다.

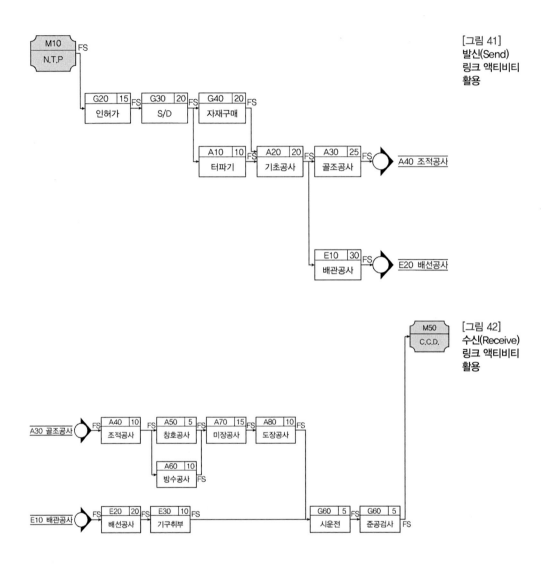

[그림 41]
발신(Send)
링크 액티비티
활용

[그림 42]
수신(Receive)
링크 액티비티
활용

3.5.10 더미

더미(dummy)는 사전적으로 모조품, 가짜라는 의미를 갖고 있다. 공정 네트워크상의 더미는 가상의 액티비티를 의미한다. 더미는 ADM에서만 표현되며, 실제로 수행되는 액티비티를 의미하는 것이 아니라 액티비티 간의 의존관계나 래그만을 나타낸다.

- 번호(Numbering) 더미 : 논리적 순서와는 상관없이 결합점과 결합점 사이의 중복을 피하기 위하여 사용하는 더미

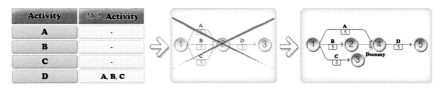

[그림 43]
번호(Numbering)
더미

- 논리(Logical) 더미 : 논리관계를 표현한 것으로 선·후행 관계를 규정하기 위하여 사용하는 더미

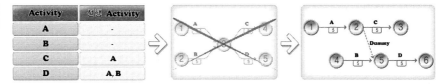

[그림 44]
Logical 더미

- 래그(Lag Time) 더미 : 액티비티 간의 시간 간격을 나타내는 것으로 선행 액티비티 종료 후 후속작업 시작 전 대기 시간을 표현한 더미

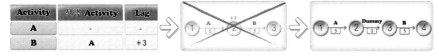

[그림 45]
Lag Time
더미

3.5.11 오픈엔드 액티비티(Open Ended Activity)

네트워크 다이어그램에서 모든 액티비티는 상호 간에 의존관계로 선·후행이 결정되어 표현된다. 다음 그림에서처럼 선행 액티비티가 없는 액티비티(터파기), 후행이 없는 액티비티(방수공사)가 존재해서는 안 된다. 이와 같이 선행 또는 후행 액티비티가 없는 액티비티를 오픈엔드 액티비티(Open Ended Activity)라고 한다.

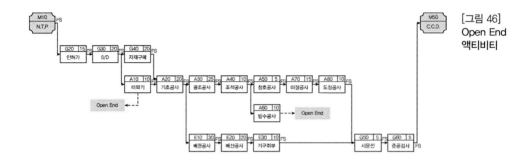

[그림 46]
Open End
액티비티

- 선행 액티비티가 없는 액티비티 : 선행이 없다는 것은 아무 조건 없이 언제든 시작할 수 있다는 것을 의미한다. 그렇기 때문에 프로젝트의 시작을 알리는 착공신고(Notice to Proceed : NTP)와도 상관없이 시작할 수 있다는 것으로 볼 수 있다. 하지만 프로젝트를 시작하기도 전에 터파기를 착수할 수는 없다. 즉, 이러한 논리적 모순을 방지하기 위하여 터파기 액티비티는 NTP가 선행으로 연결되어야 한다.

- 후행 액티비티가 없는 액티비티 : 후행 액티비티가 없다는 것은 그 액티비티가 다른 액티비티의 일정에 전혀 영향을 주지 않는다는 것을 의미한다. 이런 경우 프로젝트의 완료를 나타내는 준공일(Construction Completion Date : CCD)과 연결이 되어 있지 않으면, 이 액티비티는 프로젝트 완료 시점에 맞춰 종료하지 않아도 된다. 이러한 액티비티는 CCD를 후행 액티비티로 갖고 있어야 최종 프로젝트 종료일을 관리할 수 있다.

※ 오픈엔드 액티비티는 선행, 후행 액티비티가 없기 때문에 일정을 계산할 때에도 영향을 준다. 예를 들어 선행 액티비티가 없다면 조기 착수일 또는 조기 종료일을 구할 수 없고, 후행 액티비티가 없다면 만기착수일 또는 만기 종료일을 구할 수 없다.

※ Unified Facilities Guide Specifications (UFGS) 01.32.01.00 10 (Project Schedule)

[그림 47]

```
3.3.3.2    Schedule Constraints and Open Ended Logic

Constrain completion of the last activity in the schedule by the contract
completion date.  Schedule calculations shall result in a negative float
when the calculated early finish date of the last activity is later than
the contract completion date.  Include as the last activity in the project
schedule an activity called "End Project".  The "End Project" activity
shall have an "LF" constraint date equal to the contract completion date
for the project, and with a zero day duration or by using the "project must
finish by" date in the scheduling software.  The schedule shall have no
constrained dates other than those specified in the contract.  The use of
artificial float constraints such as "zero fee float" or "zero total float"
are typically prohibited.  There shall only be 2 open ended activities:
Start Project (or NTP) with no predecessor logic and End Project with no
successor logic.
```

앞에서 보인 바와 같이 COE-FED 프로젝트의 경우 '프로젝트 착수'와 '프로젝트 종료' 이외의 오픈 엔드 액티비티는 허용되지 않는다.

3.5.12 'Dangling' 액티비티

[그림 48]
Dangling
액티비티

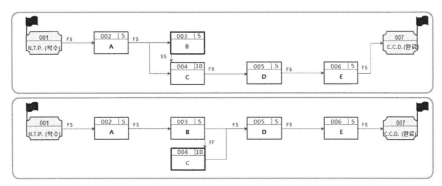

앞에서와 같이 액티비티 B와 액티비티 C는 모두 선행과 후행 액티비티가 존재한다. 그럼에도 불구하고 의존관계가 잘못된 이유는 액

티비티 B의 경우, 후행이 존재하긴 하지만 액티비티 B의 완료에 영향을 주는 연결이 없기 때문에 최소한 CCD에라도 연결이 되어야 한다. 그래야 액티비티 B의 완료가 늦어지더라도 그것을 CCD가 영향을 받아 알려줄 수 있기 때문이다. 액티비티 C는 선행이 존재하긴 하지만 최소 프로젝트의 시작을 알리는 NTP와 연결이 되어야 한다. 그래야 프로젝트 착수부터 액티비티 C가 들어갈 수 있기 때문이다. 이를 'Dangling'이라 한다.

연습문제_네트워크 다이어그램 실습

1. 다음 액티비티 표를 바탕으로 PDM 네트워크 다이어그램을 작성하시오.

액티비티 ID	Name	Duration	선행 액티비티	의존관계	후행 액티비티	의존관계
A100	A	5	–	–	B, C	FS
A110	B	6	A	FS	E	FS
A120	C	4	A	FS	D	FS
A130	D	8	C	FS	E, F	SS(E), FS(F)
A140	E	11	B, D	FS(B), SS(D)	F, G	FS
A150	F	4	D, E	FS	H	FS
A160	G	7	E	FS	I	FS
A170	H	9	F	FS	I, J	FS
A180	I	4	G, H	FS	K, J	FS(K), FF(J)
A190	J	11	H, I	FS(H), FF(I)	L	FS
A200	K	13	I	FS	L	FS
A210	L	4	J, K	FS	–	–

※ ADM 실습이 아니라 PDM 실습입니다. 박스 형태의 액티비티를 표현하기 전에 간단하게 액티비티를 표현하여 연결해본 후 다음 페이지에서 PDM(박스 형태)로 그려보시기 바랍니다.

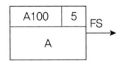

2. 다음 액티비티 표를 바탕으로 PDM 네트워크 다이어그램을 작성하시오.

라면 끓이기 Project

액티비티 ID	액티비티 Name	Duration
00	요리 시작	–
99	요리 끝	–
11	냄비 준비	5초
12	물 준비	5초
13	라면 준비	5초
21	냄비에 물 담기	10초
22	가스렌즈 불 켜기	5초
23	물 끓이기	5분
24	냄비에 면 넣기	10초
25	냄비에 스프 넣기	5초
26	면 익히기	5분
27	가스렌즈 불 끄고 그릇에 담기	10초

3. 다음 액티비티 표를 바탕으로 PDM 네트워크 다이어그램을 작성하시오.

액티비티	Duration	액티비티	Duration	액티비티	Duration
N.T.P.	–	터파기 A동	10	터파기 D동	10
C.C.D.	–	기초공사 A동	25	기초공사 D동	25
건축인허가	16	되메우기 A동	4	되메우기 D동	4
준공검사	2	지상골조공사 A동	25	지상골조공사 D동	25
터파기 S/D	15	옥탑골조공사 A동	25	옥탑골조공사 D동	25
기초공사 S/D	15	마감공사 A동	30	마감공사 D동	30
골조공사 S/D	15	터파기 B동	10	터파기 E동	10
마감공사 S/D	15	기초공사 B동	25	기초공사 E동	25
기초공사 자재 구매	15	되메우기 B동	4	되메우기 E동	4
골조공사 자재 구매	15	지상골조공사 B동	25	지상골조공사 E동	25
마감공사 자재 구매	15	옥탑골조공사 B동	25	옥탑골조공사 E동	25
통합 시운전	3	마감공사 B동	30	마감공사 E동	30
		터파기 C동	10	터파기 F동	10
		기초공사 C동	25	기초공사 F동	25
		되메우기 C동	4	되메우기 F동	4
		지상골조공사 C동	25	지상골조공사 F동	25
		옥탑골조공사 C동	25	옥탑골조공사 F동	25
		마감공사 C동	30	마감공사 F동	30

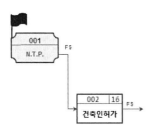

4. 다음 액티비티 표를 바탕으로 PDM 네트워크 다이어그램을 작성하시오.

액티비티	Duration
Erect precast structure & roof	10
Exterior masonry	10
Exterior doors	5
Ductwork	15
Install & test piping	14
Glazing(install glass work)	5
Package air conditioning	5
Lath partitions(base for plaster)	5
Pull wire	10
Paint exterior	10
install backing boxes & conduit	14
Floor tile	10
Wood trim	10
Paint interior	10
Plaster scratch coat(first coat)	5
Install electric panel terminal & terminate	15
Electric connection to air conditioning	4
Install ceiling grid	5
Built-up roof	5
Plaster white coat(Final coat)	10
Ceramic tile	10
Toilet fixtures	5
Acoustic tile	10
Ringout(Electrical checkout)	5
Hang interior doors	5
Accept Building	2

5. 다음 액티비티 표를 바탕으로 ADM 네트워크 다이어그램을 작성하시오.

Name	Duration	선행 액티비티	의존관계	후행 액티비티	의존관계
A	5	—	—	B, C	FS
B	5	A	FS	D	FS
C	10	A	FS	D	FS
D	5	B, C	FS	E	FS
E	5	D	FS	—	—

※ PDM 실습이 아니라 ADM 실습입니다. 화살표 형태의 액티비티로 표현하여 그려주
시기 바랍니다.

6. 다음 액티비티 표를 바탕으로 PDM 및 ADM 네트워크 다이어그램을 작성하시오.

Name	선행 액티비티	의존관계	후행 액티비티	의존관계
A	−	−	D	FS
B	−	−	D	FS
C	−	−	D	FS
D	A, B, C	FS	−	−

① PDM

② ADM

7. 다음 액티비티 표를 바탕으로 PDM 및 ADM 네트워크 다이어그램을 작성하시오.

Name	선행 액티비티	의존관계	후행 액티비티	의존관계
A	—	—	C, D	FS
B	—	—	D	FS
C	A	FS	—	—
D	A, B	FS	—	—

① PDM

② ADM

8. 다음 액티비티 표를 바탕으로 PDM 및 ADM 네트워크 다이어그램을 작성하시오.

Name	선행 액티비티	의존관계	후행 액티비티	의존관계
A	–	–	B	FS +3
B	A	FS +3	–	–

① PDM

② ADM

chapter **04**

액티비티 자원 산정

프로젝트를 수행하는 데 자원을 어떻게 투입하느냐에 따라 공사의 성패가 달려 있다고 볼 수 있다. 자원 관리의 일부이기도 한 액티비티 자원 산정 단계는 각 액티비티에 소요되는 자재, 인력, 장비 등의 양을 계산하고 소요 시간을 분석하는 단계이다. 각 액티비티의 소요량과 투입 가능한 자원량을 상호 조정하고 특히 인력, 장비 등의 내구성(Recurring), 자원의 유휴 시간(Idle Time)을 최소화하여 자원의 효율성을 증대하고, 비용의 증가를 최소화하는 것이 자원 관리의 목적이라 하겠다.

4.1 프로세스 흐름

[그림 49]
**액티비티 자원
산정 프로세스**

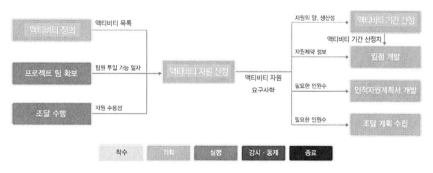

* Project Management Institute (PMI), A Guide to the Project Management Body of Knowledge (PMBOK®
  Guide) 5th Edition, 2013, p.161의 내용을 수정함

4.2 자원 항목

원가 분류 체계(Cost Breakdown Structure : CBS), WBS 및 조직 분류 체계(Organization Breakdown Structrue : OBS)에 의한 물량을 산출 양식에 따라 액티비티별 자원을 취합하여 수량을 확정하고 이 중에서 관리대상항목을 선정 관리함으로써 자원 활용의 효율을 극대화한다. 특히 자원 중에서 다음과 같이 투입 가능량이 한정되어 있는 품목에 대해서는 소요량과 투입량을 적절히 예측하고 조정해서 자원 활용을 극대화한다.

- 수요가 많은 자원
- 중요도가 높고 제작 / 운반 기간이 긴 자원
- 공급량이 적어 조달에 문제가 생길 우려가 있는 자원
- 지금 부담이 많은 자원

4.2.1 자원의 성격에 따른 분류

자원 중에는 소요량과 투입량이 일치하는 소모성 자원과 소요량에 대한 투입량이 재활용 횟수에 비례하는 내구성 자원으로 나뉜다.

1) 소모성 자원(Consumable Resource)
- 재료, 자재 등과 같이 일단 사용하면 재사용이 불가능한 자원
- 소모성 자원의 관리는 적기에 적량을 공급하는 것이 관리 목표

2) 내구성 자원(Recurring Resource)
- 인력, 장비, 가설재와 같이 반복 사용이 가능한 자재
- 최적의 내구성 자원 관리는 투입량을 최소화하고 자원 배분을 균등화 (Scheduling / Leveling)하는 것

4.3 작업조(Work Crew)

4.3.1 정의

어떤 액티비티를 수행할 때 1인의 인력만이 필요할 수도 있고, 여럿의 인력이 필요할 수도 있으며, 또는 여럿의 인력과 여럿의 장비가 필요할 수도 있다. 작업조는 어떤 액티비티를 수행하기 위해서 필요한 인력과 장비를 하나의 팀으로 묶은 개념이다. 작업조를 어떻게 구성하느냐에 따라 액티비티의 기간과 비용이 많은 영향을 받으므로 작업조 결정에 신중을 기할 필요가 있다.

4.3.2 표준 품셈

표준 품셈이란 정부 및 공공기관에서 발주하는 건설공사의 원가를 계산할 때 가격 결정의 기초자료로 삼기 위하여 대표적이고 표준적이며 보편적인 공종, 공법에 소요되는 재료량, 노무량 및 기계경비 등을 수치로 제시한 것이다. 한국건설기술연구원은 국토교통부장관이 지정한 표준품셈관리 기관으로 품셈의 제·개정 및 유권 해석 등 품셈에 관한 업무 전부를 이관 받아 수행하고 있다.

벽돌공사

– 벽돌쌓기 기준량(m^{2}당)

벽 두께 벽돌 규격(cm)	0.5B (매)	1.0B (매)	1.5B (매)	2.0B (매)	2.5B (매)	3.0B (매)
기본벽돌 19×9×5.7	75	149	224	298	373	447

* 주 : ① 본 품은 정량을 표시한 것이며 벽돌의 할증률은 붉은 벽돌일 때 3%, 시멘트 벽돌일 때 5%로 한다.
　　② 본 품은 줄눈나비 10mm일 때를 기준으로 한 것이다.
* 출처 : 국토교통부, 한국건설기술연구원, 2013 건설공사 표준 품셈, 형제문화사, 2013.

벽돌쌓기 (1,000매당)

구분 벽 두께	모르 타르 (m³)	시멘트 (kg)	모래 (m³)	3.6m 이하		3.6m 초과	
				조적공 (명)	보통 인부 (명)	조적공 (명)	보통 인부 (명)
0.5B	0.25	127.5	0.275	1.60	0.56	2.12	0.74
1.0B	0.33	168.3	0.363	1.46	0.52	1.94	0.69
1.5B	0.35	178.5	0.385	1.33	0.47	1.77	0.62
2.0B	0.36	183.6	0.396	1.19	0.42	1.58	0.56
2.5B	0.37	188.7	0.407	1.05	0.37	1.39	0.49
3.0B	0.38	193.8	0.418	0.91	0.32	1.21	0.42

* 주 : ① 본 품은 기본벽돌(19×9×5.7cm)을 기준으로 한 것이다.
　② 본 품은 소운반, 모르타르 배합 및 비빔, 먹매김, 규준틀 설치, 정착철물 설치, 벽돌쌓기, 줄
　　눈 누르기 및 마무리 작업을 포함한다.
　③ 벽돌 운반은 '8-2 벽돌 운반'에 따라 별도 계상한다.
　④ 줄눈 버비는 10mm를 기준으로 한 것이다.
　⑤ 치장쌓기 모르타르 배합비는 1 : 3이다.
　⑥ 치장쌓기 모르타르 재료 할증은 포함되어 있다.
* 출처 : 국토교통부, 한국건설기술연구원, 2013 건설공사 표준 품셈, 형제문화사, 2013.

4.3.3 일위대가

일위대가는 표준품셈을 기초로 하여 건설공사의 공정별 단위수량에 대한 소요 금액을 산출한 것이다. 현장 여건, 공사 규모에 따라 품셈에 제시되지 않는 공종에 대하여 별도로 일위대가를 작성하는 경우도 있다.

벽돌공사

벽돌쌓기

비목	규격	단위	단가	수량	금액
■ 합계	표준형 0.5B	1,000매			188,677
[재료비]					[61,930]
보통시멘트	KSL 5201	kg	72	127.5	9,180
모래	세사	m³	20,000	0.275	5,500
시멘트벽돌	190×90×57mm	매	45	1,050	47,250
[노무비]					[126,747]
조적공		인	89,437	1.60	89,439
보통 인부		인	66,622	0.56	37,308

* 벽돌의 할증률은 시멘트 벽돌일 때 5%
* 본 품에는 모르타르의 할증 및 모르타르 소운반품이 포함
* 출처 : 국토교통부, 한국건설기술연구원, 2013 건설공사 표준 품셈, 형제문화사, 2013.

4.3.4 RS Means

건설선진국이라고 지칭되는 미국과 영국의 경우 실적공사비 자료를 통해 예정 가격을 산정하는 방식은 우리나라와 같다고 할 수 있다. 그러나 실적공사비를 수집·발표하는 주체가 관이 아닌 민간이라는 점에서 차이가 있다.

미국의 경우 공사비 산정 시 활용빈도가 높은 참고 자료는 RS Means 자료집이다. 이 자료집은 크게 일반 상업 신규 공사, 보수 및 리모델링 공사, 주거시설 신규 공사 등을 대상으로 각각의 노무·자재·장비에 대한 자원 단위 비용(unit costs)과 건축물을 부위로 분류하고 세부 부위별 비용을 집계한 어셈블리 비용 데이터(assembly costs)를 제공하고 있다. 단위면적비용 단가집(RS Means Square Foot Costs)에서는 시설물 유형별로 세부 공종에 대한 단가 정보도 제공한다.

우리나라의 경우 액티비티의 단위물량에 소요되는 자재량, 노무량에 단가를 곱하여 금액을 산출하는 반면, 미국은 작업조의 개념으로 노무비를 산출한다. 이처럼 비용을 산출하는 기준으로도 인력을 기준으로 하느냐, 자재를 기준으로 하느냐에 따라 산출되는 정보는 많은 차이가 생기게 된다. 또 발주자가 설계내역서를 시공사에 공개하지 않는 점도 우리나라와 다른 점이다. 공사비 산정에 시공사의 경험과 기술이 개입될 수 있는 여지를 남겨두는 취지로 해석되며, 발주자는 자신이 작성한 내역서와 비교해가며 적정한 공사비를 도출하게 된다. 특히 영국은 1800년대부터 운영해온 QS(Quantity Surveyor) 제도를 통해 전문가적인 계약 및 공사비 관리 업무가 수행되고 있다.

04 21 Clay Unit Masonry

04 21 13 Brick Masonry

04 21 13.18 Columns	Crew	Daily output	Labor Hours	Unit	MAT	Labor	Total	Total Incl O&P
COLUMNS, solid, excludes scaffolding, grout and reinforcing								
Brick, 8″×8″, 9 brick per VLF	D-1	56	0.286	V.L.F.	7.00	9.95	16.95	23.00
12″×8″, 13.5 brick per VLF	D-1	37	0.432	V.L.F.	10.55	15.10	25.65	34.50
12″×12″, 20 brick per VLF	D-1	25	0.640	V.L.F.	15.60	22.50	38.10	51.00
16″×12″, 27 brick per VLF	D-1	19	0.842	V.L.F.	21.00	29.50	50.50	67.50
16″×16″, 36 brick per VLF	D-1	14	1.143	V.L.F.	28.00	40.00	68.00	91.50
20″×16″, 45 brick per VLF	D-1	11	1.455	V.L.F.	35.00	50.50	85.50	116.00

Crews

Crew D-1	Bare Costs($)		Incl. Subs O&P($)		Cost Per Labor-Hour($)	
	Hr.	Daily	Hr.	Daily	Bare Costs	Incl. O & P
1 Bricklayer	39.15	313.20	59.55	476.40	34.88	53.05
1 Bricklayer Helper	30.60	244.80	46.55	372.40		
16 L.H., Daily Totals	558.00		848.80		34.88	53.05

* 위 자료는 RS Means Building Construction Cost Data 66th Annual Edition (2008) 참조

4.3.5 자원 캘린더

프로젝트 공정을 계획하기 위해서는 프로젝트의 자원에 대한 캘린더를 고려해야 한다. 캘린더를 고려하는 목적은 미래에 대한 정확한 예측이 불가능한 상태에서 리스크에 대한 피해를 최소화하기 위해서이다. 따라서 자원에 대한 특성을 고려하여 작업 불능일을 예측하고 이를 적용한 공정 계획을 수립해야 한다. 자원은 크게 다음과 같이 나눌 수 있다.

- 인력(Staff, Labor)
- 자재(Material)

• 장비(Equipment, tool)

캘린더는 국가, 문화, 종교 등에 영향을 받는다. 예를 들어 사우디 아라비아는 금요일이 법정공휴일로 지정되어 있으며, 이슬람 국가에서는 라마단[1] 기간에는 관공서와 기업들이 출근시간을 늦추고 퇴근시간을 앞당기는 방식으로 근무시간을 조정한다. 이와 같은 요인을 반영하여 계획을 수립하지 않으면 일정을 실행하는 데 많은 어려움이 따른다.

자재, 장비는 작업의 특성, 기후 등의 영향을 받는다. 특히 건설 프로젝트는 하절기, 동절기, 강우기와 같은 날씨에 많은 영향을 받기 때문에 이것들을 반영한 공정 계획이 수립되어야 한다.

[그림 50]
건설프로젝트 캘린더 예시

No.	캘린더명	적용 공종	공휴일		불능일									
			일요일	법정공휴일	동절기1	동절기2	동절기3	용절기4	혹서기	강우기1	강우기2	적설	강풍	식재불능기
①	달력(7-0)	제출, 승인 등	-	-	-	-	-	-	-	-	-	-	-	-
②	달력(6-0)	내부 설비,전기,건식수장	○	○	-	-	-	-	-	-	-	-	-	-
③	달력(6-1)	내부습식내부습식	○	○	-	-	○	-	-	-	-	-	-	-
④	달력(6-2)	(도배, 합지)	○	○	-	-	-	○	-	-	-	-	-	-
⑤	달력(6-3)	토공, 파일	○	○	○	-	-	-	-	○	○	○	-	-
⑥	달력(6-4)	철근콘크리트,철골	○	○	-	-	-	-	○	○	-	○	○	-
⑦	달력(6-5)	조경 식재	○	○	○	-	-	-	○	○	-	○	-	○
⑧	달력(6-6)	외부 마감	○	○	○	-	-	-	○	○	○	○	○	-

동절기1 일최저기온 -10°C 이하 작업 불능
동절기2 일평균기온 -4°C 이하 작업 불능
동절기3 일평균기온 0°C 이하 작업 불능
동절기4 일평균기온 4°C 이하 작업 불능
혹서기 일최고기온 32°C 이상일 경우
적설 일 적설량 50cm 이상 작업 불능
강우1 일 강수량 5mm 이상 작업 불능
강우1 일 강수량 15mm 이상 작업 불능
강풍 일 평균풍속 11.1 m/s 이상 작업 불능 (순간 풍속 추정값 : 풍속추정값 x1.35)
식재불능기 전일 강수량 10mm 이상 작업 불능

---

1) 라마단 기간 : 라마단은 아랍어로 '더운 달'이라는 뜻으로, 이슬람교에서 행하는 약 한 달가량의 금식 기간.

chapter 05

액티비티 기간 산정

5.1 프로세스 흐름

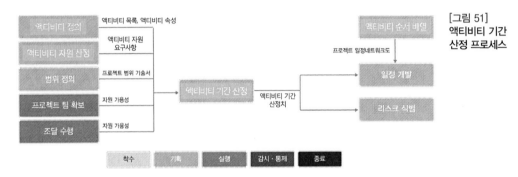

[그림 51]
액티비티 기간
산정 프로세스

* Project Management Institute (PMI), A Guide to the Project Management Body of Knowledge (PMBOK®
  Guide) 5th Edition, 2013, p.166의 내용을 수정함

5.2 기간 산정

액티비티의 기간은 경험이 많은 엔지니어들이 WBS, CBS, OBS 자료 등을 근거로 산출하는 것이 바람직하다. 또한 기간의 산정에서는 시간 외 근무(Over Time), 야간 근무, 휴일 근무와 같은 특수한 근무 형태를 제외한 보통의 근무 시간을 기초로 해서 작성되어야 한다. 특수한 경우는 기간 조정 과정에서 분석, 판단, 조정할 수 있는 변수로 남겨두어야 한다. 기간을 산정하기 위한 기본자료 외에도 다음과 같은 항목도 고려되어야 한다.

• 기술자의 경험 및 작업 방법, 동원인력의 숙련도 및 작업조의 구성

- 장비 및 기타 부대시설의 성능, 자재의 조달 방법 및 현장 운반 방법
- 기후 조건 및 기타 제약 조건

기간의 단위는 월(month), 주(week), 일(day), 시간(hour) 등과 같이 상황에 맞게 적절히 선택하여 사용할 수 있다. 그런데 건설 프로젝트에서의 시간은 일 단위 중심이기 때문에 건설 프로젝트의 계획과 통제의 단위도 일반적으로 일 단위가 무난하다. 그러나 어떠한 경우에는 프로젝트의 성격과 관리 방식에 따라 액티비티의 기간을 주 단위로 관리하는 것이 더욱 적절할 수도 있다. 예를 들어 설계(Engineering)나 조달(Procurement)과 같이 공사 단위가 아닌 관리 항목 중심일 경우 굳이 일 단위를 고집할 필요는 없다. 대규모 프로젝트나 개발 계획 같은 경우에는 수년이 소요되므로 월을 단위 기간으로 쓰는 것이 더욱 적절할 수 있다.

즉, 어떠한 단위를 사용해도 문제는 없으므로 프로젝트의 특성에 적합한 단위를 선택해서 사용하면 된다. 단 관리가 가능하고 효율적인 단위를 선정하는 것이 바람직하며, 단일의 공정표 내에서는 동일한 시간단위를 사용해야 한다.

5.3 산정 방법

기간을 산정하는 방법은 크게 다음과 같이 나누어볼 수 있다.

- 물량 기반 산정(Quantity-based Estimating)
- 예산 기반 산정(Budget-based Estimating)
- 전문가 판단(Expert Judgment)
- 유사 산정(Analogous Estimating)
- 모수 산정(Parametric Estimating)

- 3점 산정(Three-Point Estimating)

5.3.1 물량 기반 산정

물량 기반 산정은 해당 작업의 물량을 생산성으로 나누어 산정하는 방식으로 가장 객관적이고 정확한 산정 방식으로 볼 수 있다. 반면 물량을 포함하지 않은 작업(예 : 콘크리트 양생)에는 적용하기 어렵고, 해당 작업에 대한 신뢰할 수 있는 생산성 정보가 필요하다. 산정 절차는 다음과 같다.

- 해당 작업의 물량(Qt)을 산정한다(Determine construction quantity per activity).
- 해당 작업에 투입되는 작업조의 일일생산성(Daily productivity : Qu)을 산정한다.
- 투입할 작업조의 수(N)를 결정한다.
- 작업 기간은 다음 식으로 산정한다.

$$T = \frac{Qt}{Qu \times N}$$

5.3.2 예산 기반 산정

예산 기반 산정은 해당 작업에 할당된 예산은 정해져 있으나, 생산성을 산정하기 어려운 경우 예산의 범위 내에서 작업을 마치기 위한 기간을 산정하는 방법이다. 예를 들어 장비 투입이 어려운 협소한 공간의 인력에 의한 터파기 작업 기간을 산정할 경우, 다음의 방식으로 산정할 수 있다.

- 터파기 물량 : 12m^3

- 예산 : 2,000,000원
- 작업조(인력)의 시간당 비용 : 80,000원 / 시간
- 필요 단가율 : 2,000,000 / 12m³ = 167,000원/m³
- 필요 생산성 : (167,000원/m³) / (80,000원/시간) = 2.08시간/m³
- 작업 기간 : 2.08시간/m³ × 12m³ = 24.96시간
- 하루 10시간 작업할 경우 = 24.96시간 / (10시간/일) = 2.49일 = 약 3일

5.3.3 전문가 판단

유사 분야의 경험이 많은 전문가일수록 비슷한 규모의 작업들에 대한 기간을 쉽게 예측할 수 있다. 때로는 물량과 생산성 자료에 기초한 정량적인 산정 방법보다 경험을 바탕으로 산정하는 기간이 더 정확할 수 있다. 기간을 산정할 때 수치적인 방법으로는 고려가 되지 않는 변수가 매우 많기 때문이다. 전문가가 본인의 경험을 바탕으로 여러 가지 발생할 수 있는 리스크를 고려하여 기간을 산정하는 것은 현재도 많이 사용되고 있는 방법 중 하나이다.

5.3.4 유사 산정

과거 유사한 프로젝트의 기간 정보가 제공되어 있는 것을 참고하여 기간을 산정하는 방법이다. 이 방법은 기간을 산정하는 데 비용과 시간이 적게 소요되는 장점이 있으나 프로젝트의 특성에 따라 정확도가 매우 낮을 수도 있다.

5.3.5 모수 산정

기간을 산정할 때 비슷한 특징이 반복되는 작업들이 여러 가지인 경우 한 개의 작업에 대해 생산성과 물량으로 인한 정량적인 기간을 먼저 산정한 후 나머지 작업에 대해 면적 또는 수량 비율만큼을 적용

하여 구하는 방법이다. 예를 들어 케이블 가설 작업의 기간을 구할 때, 배정된 인력이 1시간에 25m의 케이블을 가설할 수 있다면, 1,000m를 가설하는 작업 기간은 40시간이다. 이와 같이 모수 산정은 알고리즘을 이용하여 선례 정보와 모수를 기준으로 기간을 계산하는 방법이다.

5.3.6 3점 산정

과거 사례가 없는 작업이나 불확실성이 큰 작업의 경우 이 방법을 활용할 수 있다. 3점 산정 방법은 불확실성의 범위를 포함하여 비관치(Pessimistic), 최빈치(Most likely), 낙관치(Optimistic)를 구한 후, 세 값의 가중평균값을 기간으로 정하는 방법이다. PERT 기법에서 유래된 것으로 PERT 가중 평균(PERT weighted average)이라고 불리기도 한다.

- 평균 $T_e = \dfrac{T_o + 4T_m + T_p}{6}$

- 표준편차 $\sigma = \dfrac{T_p - T_o}{6}$

- 분산 $\sigma^2 = \left(\dfrac{T_p - T_o}{6}\right)^2$

- 베타분포 : 0과 1 사이의 범위, 알파와 베타에 의해 밀도함수가 바뀌는 분포함수이다. 어떤 작업의 기간을 추정할 때 보통의 경우 다음 그림과 같이 비관치(Pessimistic)의 발생 빈도가 높은 것으로 예측하게 된다.

[그림 52]
베타분포

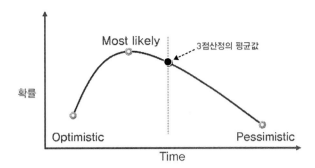

PERT 기법에서 정규분포를 사용하지 않고 베타분포를 사용하는 이유는 각 액티비티의 기간이 확정적이지 않고 변동이 가능하므로 산술평균을 사용할 수 없기 때문이다.

* 정규분포 : 중심 극한 정리에 따르면 정규분포는 어떤 확률분포에 대해서도 적용되는 확률분포이며, 또한 관측 오차를 설명하는 확률분포이기 때문에 대부분의 통계치가 정규분포를 가정한다. 정규분포는 평균값을 기준으로 상위값과 하위값의 빈도 분포가 대칭인 것을 의미한다.

[그림 53]
정규분포

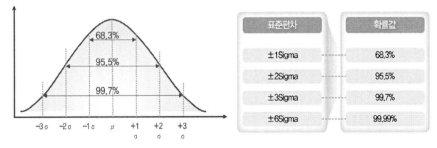

베타분포는 프로젝트가 수행되는 기간과 원가의 특징을 잘 나타내 준다는 장점을 가진다. 하지만 추정치의 성공확률을 구하려면 복잡한 계산을 거쳐야 한다는 단점이 있다. 이 때문에 성공확률을 구할 때는 베타분포를, 동일한 평균과 표준편차를 갖는 정규분포로 근사시켜 확률값을 구한다.

▎연습문제_3점 산정 실습

1. 다음 표를 참조하여 3점 산정 방법으로 액티비티의 기간을 구하시오.

Optimistic = 4일	Most likely = 6일	Pessimistic = 14일

2. 어느 액티비티의 기간이 다음 표와 같이 추정될 때, 이 액티비티가 10~16일에 종료될 확률을 구하시오.

Optimistic = 10일	Most likely = 13일	Pessimistic = 16일

chapter 06

공정 계획

공정 계획 프로세스는 앞에서 정의되고 산정된 데이터를 활용하여 구체적인 프로젝트의 스케줄을 만드는 프로세스이다. 즉, 액티비티 목록, 액티비티 순서, 소요 자원 및 기간, 캘린더 등에 대한 정보를 바탕으로 최적의 스케줄을 확정하는 단계이다. 공정 관리에서 가장 중요하고, 가장 많은 시간이 소요되는 단계로 얼마나 많은 시간을 투자하는지에 따라 스케줄의 품질이 좌우된다.

6.1 프로세스 흐름

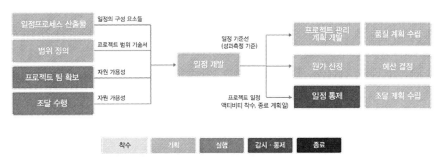

[그림 54] 공정 계획 프로세스

* Project Management Institute (PMI), A Guide to the Project Management Body of Knowledge (PMBOK® Guide) 5th Edition, 2013, p.173의 내용을 수정함

6.2 달력 일자, 달력 일수, 근무 일수

프로젝트와 액티비티의 일정을 혼란 없이 계산하기 위해서 우리가

흔히 사용하는 달력 일자(Calendar Date)와 달력 일수(Calendar Day) 그리고 근무 일수(Working Day)의 개념을 명확히 이해해야 한다. 다음 설명과 같이 각각이 의미하는 바가 다소 차이가 있다.

- 달력 일자 : 달력에 표시되는 일자를 의미하는 것으로, '3월 4일, 6월 13일'과 같은 날짜를 의미한다.
- 달력 일수 : 자정에서 다음 자정까지의 24시간을 뜻하며, 달력에 표시되는 날의 수를 의미한다. 3월 4일부터 3월 6일까지 기간의 경우 3월 6일을 Calendar Day로 '3일' or '3일 차'라고 부른다.
- 근무 일수 : 근무를 하는 날 수를 의미하며, 달력 일수에서 휴일을 뺀 값이다. 우리나라의 경우 보통 일주일의 근무 일수는 토요일과 일요일을 제외한 5일이다.

6.3 CPM 일정 분석

6.3.1 작업단위 개요

총 프로젝트 기간은 액티비티 네트워크에서 다수의 액티비티로 연결된 액티비티 경로 중 가장 긴 기간을 가진 Path의 기간을 말하며 총 소요 기간이라고도 한다. 시작 시점에 총 소요 기간을 더하면 완료 시점을 산출할 수 있다. 일정 계산 방식은 이벤트(Event) 중심 계산법과 액티비티 중심의 계산법이 있다. 계산 방식은 동일하나, 액티비티를 중심으로 일정을 계산하는지 이벤트(연결점) 중심으로 일정을 계산하느냐가 다르다.

다음은 작업 중심 계산 방식인 PDM을 활용하여 프로젝트 소요 기간을 계산하는 과정이다.

[그림 55]
PDM
표현방식의
예시

- 조기 착수일(Early Start Time : **ES**)

- 조기 종료일(Early Finish Time : **EF**)

- 만기 착수일(Late Start Time : **LS**)

- 만기 종료일(Late Finish Time : **LF**)

[그림 56]
일정 분석 전

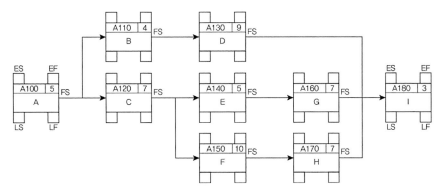

6.3.2 일정 분석법(작업 중심)

1) 전진 계산 : 조기 일정 계산

네트워크 다이어그램상의 액티비티로 구성된 경로를 따라 시작점부터 순차적으로 개별 액티비티 소요 기간과 액티비티 간 관계를 고려하여 전체 프로젝트 기간을 산출한다. 전진 계산(Forward Pass Computation)을 통해 액티비티가 조기(이른 시기)에 시작(Early Start Time)하는 일정과 조기에 종료할 수 있는 일정(Early Finish Time)을 계산할 수 있다. 다음 그림에 보인 예시를 바탕으로 계산 과정을 설명한다.

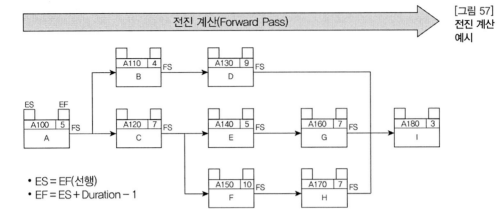

[그림 57]
전진 계산
예시

전진 계산(Forward Pass)

- ES = EF(선행)
- EF = ES + Duration − 1

① 선행 액티비티가 1개일 경우(FS 관계)

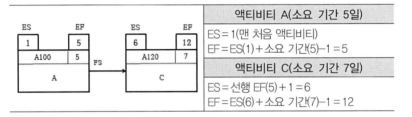

액티비티 A(소요 기간 5일)
ES = 1(맨 처음 액티비티) EF = ES(1) + 소요 기간(5)−1 = 5
액티비티 C(소요 기간 7일)
ES = 선행 EF(5) + 1 = 6 EF = ES(6) + 소요 기간(7)−1 = 12

② 선행 액티비티가 1개일 경우(FF 관계)

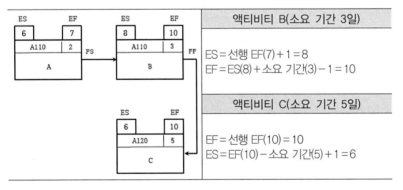

액티비티 B(소요 기간 3일)
ES = 선행 EF(7) + 1 = 8 EF = ES(8) + 소요 기간(3) − 1 = 10
액티비티 C(소요 기간 5일)
EF = 선행 EF(10) = 10 ES = EF(10) − 소요 기간(5) + 1 = 6

③ 선행 액티비티가 1개일 경우(SS 관계)

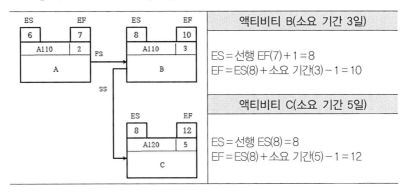

액티비티 B(소요 기간 3일)
ES = 선행 EF(7) + 1 = 8 EF = ES(8) + 소요 기간(3) − 1 = 10
액티비티 C(소요 기간 5일)
ES = 선행 ES(8) = 8 EF = ES(8) + 소요 기간(5) − 1 = 12

④ 선행 액티비티가 2개 이상일 경우(FS 관계)

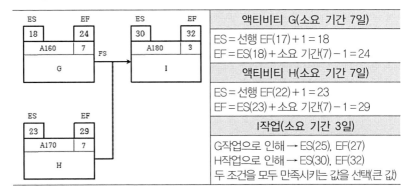

액티비티 G(소요 기간 7일)
ES = 선행 EF(17) + 1 = 18 EF = ES(18) + 소요 기간(7) − 1 = 24
액티비티 H(소요 기간 7일)
ES = 선행 EF(22) + 1 = 23 EF = ES(23) + 소요 기간(7) − 1 = 29
I작업(소요 기간 3일)
G작업으로 인해 → ES(25), EF(27) H작업으로 인해 → ES(30), EF(32) 두 조건을 모두 만족시키는 값을 선택(큰 값)

• 선행 액티비티의 EF(만기 종료일) 중 가장 큰 것(긴 일정)을 기준으로 계산한다.

⑤ 선행 액티비티가 2개 이상일 경우(FS, FF 관계)

액티비티 G(소요 기간 7일)
ES = 선행 EF(17) + 1 = 18 EF = ES(18) + 소요 기간(7) − 1 = 24
액티비티 H(소요 기간 7일)
ES = 선행 EF(22) + 1 = 23 EF = ES(23) + 소요 기간(7) − 1 = 29
액티비티 I(소요 기간 3일)
G작업으로 인해 → ES(25), EF(27) H작업으로 인해 → ES(27), EF(29) 두 조건을 모두 만족시키는 값을 선택(큰 값)

2) 후진 계산 : 만기 일정 계산

전진 계산으로 계산된 마지막 액티비티의 종료 일자부터 처음 액티비티의 착수 일자까지 역순으로 개별 액티비티의 소요 기간을 차감해가며 일정을 계산하는 방식을 말한다. 후진계산(Backward Pass Computation)에 의해 액티비티들이 만기로 착수하는 일정(Late Start Time)과 만기로 종료할 수 있는 일정(Late Finish Time)을 계산할 수 있다.

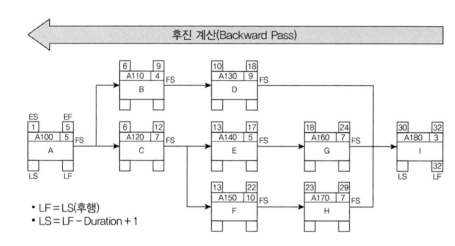

[그림 58]
후진계산(Bac kward Pass Computation)

① 후행 액티비티가 1개일 경우(FS 관계)

액티비티 I(소요 기간 3일)
LF = EF(32) = 32(맨 마지막 액티비티) LS = LF(32) − 소요 기간(3) + 1 = 30
액티비티 H(소요 기간 7일)
LF = 후행 LS(30) − 1 = 29 LS = LF(29) − 소요 기간(7) + 1 = 23

② 후행 액티비티가 1개일 경우(FF 관계)

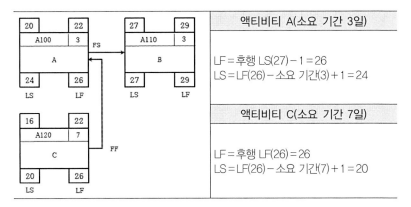

	액티비티 A(소요 기간 3일)
	LF=후행 LS(27)−1=26 LS=LF(26)−소요 기간(3)+1=24
	액티비티 C(소요 기간 7일)
	LF=후행 LF(26)=26 LS=LF(26)−소요 기간(7)+1=20

③ 후행 액티비티가 1개일 경우(SS 관계)

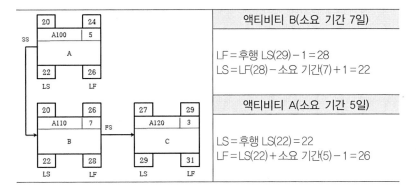

	액티비티 B(소요 기간 7일)
	LF=후행 LS(29)−1=28 LS=LF(28)−소요 기간(7)+1=22
	액티비티 A(소요 기간 5일)
	LS=후행 LS(22)=22 LF=LS(22)+소요 기간(5)−1=26

④ 후행 액티비티가 2개 이상일 경우(FS 관계)

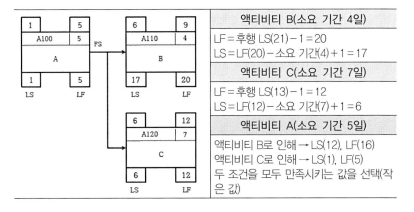

	액티비티 B(소요 기간 4일)
	LF=후행 LS(21)−1=20 LS=LF(20)−소요 기간(4)+1=17
	액티비티 C(소요 기간 7일)
	LF=후행 LS(13)−1=12 LS=LF(12)−소요 기간(7)+1=6
	액티비티 A(소요 기간 5일)
	액티비티 B로 인해 → LS(12), LF(16) 액티비티 C로 인해 → LS(1), LF(5) 두 조건을 모두 만족시키는 값을 선택(작은 값)

- 후행 액티비티의 LS(만기 착수일) 중 가장 작은 것(짧은 일정)을 기준으로 정의

⑤ 후행 액티비티가 2개 이상일 경우(FS, FF 관계)

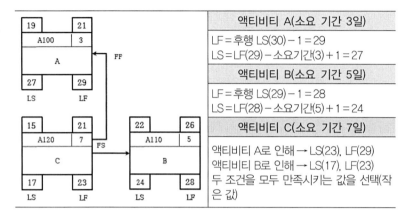

액티비티 A(소요 기간 3일)
LF = 후행 LS(30) − 1 = 29 LS = LF(29) − 소요기간(3) + 1 = 27
액티비티 B(소요 기간 5일)
LF = 후행 LS(29) − 1 = 28 LS = LF(28) − 소요기간(5) + 1 = 24
액티비티 C(소요 기간 7일)
액티비티 A로 인해 → LS(23), LF(29) 액티비티 B로 인해 → LS(17), LF(23) 두 조건을 모두 만족시키는 값을 선택(작은 값)

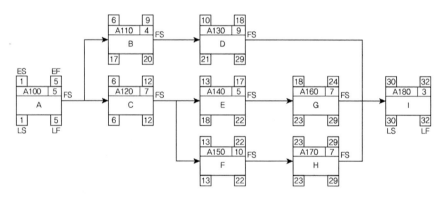

[그림 59]
일정 분석 결과

앞에서 일정계산법을 통해 액티비티의 ES, EF, LS, LF를 구하는 방법에 대해서 알아보았다. 그럼 이 4가지 날짜가 의미하는 것은 무엇이며, 이것을 가지고 어떤 분석을 할 수 있을까? 예를 들어 한 액티비티의 ES는 3이고, LS는 5라면, 가장 이르게 시작할 수 있는 날은 3일이고, 가장 늦게 시작해도 되는 날은 5일이다. 따라서 이 액티비티는 3일부터 5일 사이에는 언제 시작하더라도 프로젝트에는 영향을 주지 않는다고 볼 수 있다. 이것이 이 액티비티가 갖는 **여유시간**이다.

3) 여유시간(Float)

　액티비티를 수행하는 데 있어서 프로젝트 기간에 영향을 주지 않는 범위 내에서 지연이 허용되는 시간을 의미한다. 전체여유시간(Total Float : TF), 자유여유시간(Free Float : FF), 간섭여유시간(Interfering Float : IF) 등이 있으며 주로 TF, FF를 사용한다.

① 총여유시간
- 액티비티가 전체 프로젝트 기간에 영향을 미치지 않는 범위에서 지연 허용 가능시간

  ex) '전체여유＝0'인 액티비티가 하루 지연되면 프로젝트 종료일이 하루 지연
- 총여유시간은 자유여유시간과 간섭여유시간의 합이다. TF＝FF＋DF

② 자유여유시간
- 액티비티가 후행 액티비티의 조기일정에 영향을 미치지 않는 범위에서 지연 허용 가능 시간

  ex) 'Free Float＝0'인 액티비티가 하루 지연되면 후행 액티비티가 하루 지연

③ 간섭여유시간
- 다른 액티비티가 갖는 FF를 의미하는 것으로, 후행 액티비티에는 영향을 미치지만 전체 프로젝트 기간에는 영향을 미치지 않는 범위에서 지연 허용 가능 시간

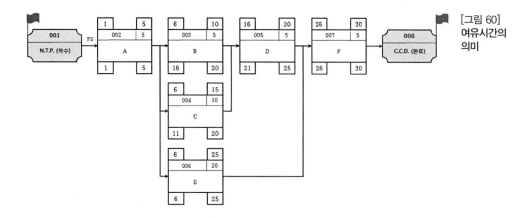

[그림 60]
여유시간의
의미

- 액티비티 B, C, D는 ES와 LS가 어느 정도의 격차를 가지고 있다. 즉, 그 차이만큼의 여유시간이 있다고 볼 수 있다.
- 액티비티 B를 기준으로 TF, FF, IF를 구하면 다음과 같다.

④ TF

액티비티 B의 ES는 6이고, LS는 16이다. 즉, 액티비티 B는 6에서부터 16사이 중 언제 시작하더라도 프로젝트의 종료일에 영향을 주지 않는다. 따라서 액티비티 B가 프로젝트 종료일에 영향을 주지 않는 여유시간은 10이 된다.

⑤ FF

액티비티 B의 ES가 5만큼 늦어지더라도 액티비티 D가 16에 시작하는 것에는 영향을 주지 않는다. 하지만 6 이상 지연되면 액티비티 D 또한 지연되게 된다. 따라서 액티비티 B가 후행 액티비티 D에 영향을 주지 않는 여유시간은 5가 된다.

⑥ IF

액티비티 B의 FF는 5이지만, 6~10만큼 늦어진다면 후행 액티비티인 액티비티 D에는 영향을 미치지만 프로젝트 종료일에는 영향을 주지 않는다. 즉, 6~10만큼의 여유시간은 액티비티 D가 갖는 FF으로, 액티비티 B의 IF가 된다.

; Total Float＝Free Float＋Interfering Float

여유시간을 모두 이해했다면 다음 물음에 답하시오.

Free Float＝0이면, Total Float＝0이다?　　　　　　　　(O , X)

Total Float＝0이면, Free Float＝0이다?　　　　　　　　(O , X)

Free Float≤Total Float이다?　　　　　　　　　　　　　(O , X)

4) 여유시간 계산법

① 전체여유 계산

[그림 61]
전체여유
계산법

전체여유를 구하는 3가지 방법
- Start Float＝LS－ES＝6－3＝3
- Finish Float＝LF－EF＝10－7＝3

기본적으로 Start Float과 Finish Float는 항상 같은 값을 갖는다고 예상할 수 있다. 하지만 상황에 따라 다른 경우가 발생할 수 있다.

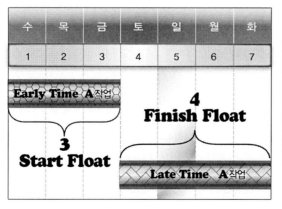

위와 같은 경우, 휴일로 인해 액티비티 A의 Start Float과 Finish Float가

달라진다. 이처럼 Start Float과 Finish Float이 다른 경우, 프로젝트 특성에 따라 Start Float를 사용할지, Finish Float를 사용할지 아니면 두 가지 중 작은 값(Smallest of Start Float and Finish Float)을 사용할지 판단해야 한다.

② Free Float 계산

　　Free Float를 계산하는 방법은 후행 액티비티와의 의존관계 유형에 따라 달라진다.

• FS(Finish to Start) 관계인 경우

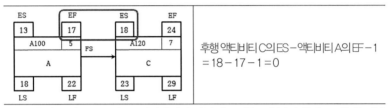

후행 액티비티 C의 ES - 액티비티 A의 EF - 1
= 18 - 17 - 1 = 0

※ -1을 하는 이유는 EF와 ES 사이에 날이 넘어가는 것을 표현하기 위해 +1을 한 것에 대한 값을 다시 빼주는 것이다.

• FF(Finish to Finish) 관계인 경우

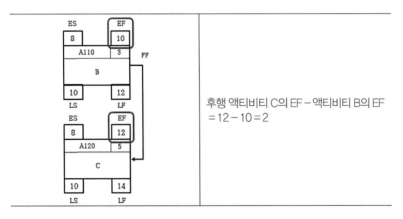

후행 액티비티 C의 EF - 액티비티 B의 EF
= 12 - 10 = 2

※ 앞의 FS 타입처럼 -1을 안 하는 이유는 FF 타입은 두 작업의 끝나는 시점을 이야기하는 것이라 날이 넘어가는 +1을 해주지 않았기 때문이다.

• SS(Start to Start) 타입인 경우

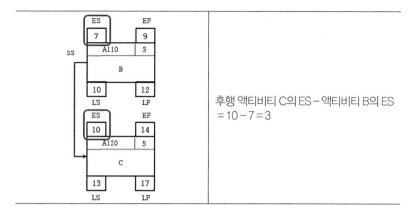

후행 액티비티 C의 ES - 액티비티 B의 ES
= 10 - 7 = 3

※ 앞의 FS 타입처럼 -1을 안 하는 이유는 SS 타입은 두 작업의 시작하는 시점을 이야기
하는 것이라 날이 넘어가는 +1을 해주지 않았기 때문이다.

▌연습문제_일정분석 실습

1. 다음 네트워크 다이어그램의 일정 분석을 수행하시오.

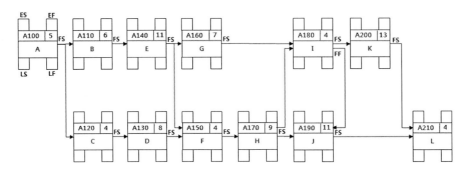

액티비티 ID	액티비티 Activity	기간 Duration	조기착수 일시작일 ES	만기 종료일 EF	만기 착수일 LS	만기 종료일 LF	총여유시간 Total Float	자유 여유시간 Free Float
A100	A	5						
A110	B	6						
A120	C	4						
A130	D	8						
A140	E	11						
A150	F	4						
A160	G	7						
A170	H	9						
A180	I	4						
A190	J	11						
A200	K	13						
A210	L	4						

2. 다음 표를 보고 네트워크 다이어그램을 작성 후 일정 분석을 하시오.

액티비티 ID	액티비티 Activity	기간 Duration	선행 액티비티 Predecessors	의존관계 Relationship type	후행 액티비티 Successors	의존관계 Relationship type
A100	가	1	−	−	나, 사	FS
A110	나	10	가	FS	다, 아	FS
A120	다	10	나	FS	라, 자	FS
A130	라	10	다	FS	마, 바, 차	FS
A140	마	10	라	FS	카	FS
A150	바	25	라	FS	하	FS
A160	사	15	가	FS	아, 타	FS
A170	아	10	나, 사	FS	자	FS
A180	자	10	다, 아	FS	차	FS
A190	차	10	라, 자	FS	카, 파	FS
A200	카	10	마, 차, 타	FS	파	FF
A210	타	15	사	FS	카	FS
A220	파	25	차(FS), 카(FF)	FS, FF	하	FS
A230	하	1	바, 파	FS	−	−

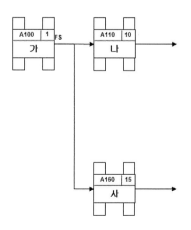

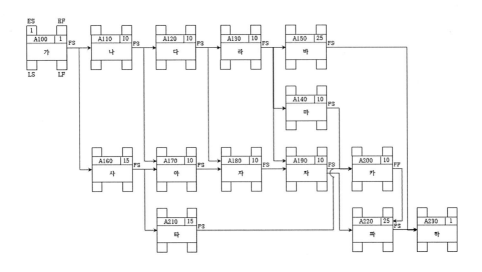

액티비티 ID	액티비티 Activity	기간 Duration	조기 착수일 ES	만기 종료일 EF	만기 착수일 LS	만기 종료일 LF	총여유시간 Total Float	자유 여유시간 Free Float
A100	가	1						
A110	나	10						
A120	다	10						
A130	라	10						
A140	마	10						
A150	바	25						
A160	사	15						
A170	아	10						
A180	자	10						
A190	차	10						
A200	카	10						
A210	타	15						
A220	파	25						
A230	하	1						

3. 다음 네트워크 다이어그램의 일정 분석을 하시오.

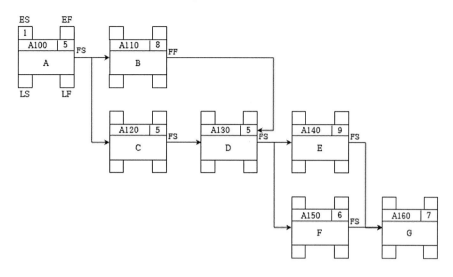

액티비티 ID	액티비티 Activity	기간 Duration	조기 착수일 ES	만기 종료일 EF	만기 착수일 LS	만기 종료일 LF	총여유 시간 Total Float	자유 여유시간 Free Float
A100	A	5						
A110	B	8						
A120	C	5						
A130	D	5						
A140	E	9						
A150	F	6						
A160	G	7						

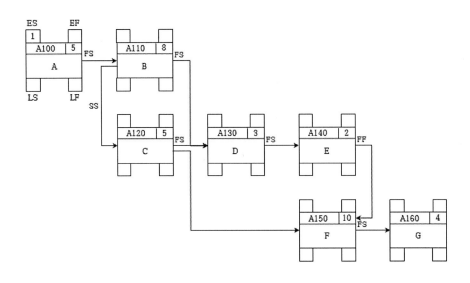

액티 비티 ID	액티비티 Activity	기간 Duration	조기 착수일 ES	만기 종료일 EF	만기 착수일 LS	만기 종료일 LF	총여유 시간 Total Float	자유 여유시간 Free Float
A100	A	5						
A110	B	8						
A120	C	5						
A130	D	3						
A140	E	2						
A150	F	10						
A160	G	4						

6.3.3 주공정선

앞에서 배운 여유시간에서 한 액티비티의 ES와 LS가 같다면, 이 액티비티는 반드시 그날 시작해야 하며, 하루라도 지연되면 프로젝트의 종료일도 함께 지연된다는 것을 알았을 것이다. 이런 액티비티를 주요(Critical) 액티비티라고 한다. 주공정선(Critical Path, 줄여서 CP라고도 함)은 총 프로젝트 기간, 즉 착수일로부터 종료일까지의 기간 중에서 총여유시간이 없는 주요 액티비티(Critical Activities)의 경로(Path)를 말한다. 다시 말해 TF＝0인 액티비티들을 연결한 경로(Path)를 말하며 착수 시점부터 종료 시점까지 가장 긴 경로를 뜻하는 것이다. 따라서 주공정선상의 액티비티가 지연되면 프로젝트 기간이 영향을 받으므로 CP에 대해서 중점관리를 해야 한다. 이것이 CPM이 말하는 관리 방법이다.

그러나 TF＝0인 액티비티만이 중점 관리 대상이라고 하는 것은 기본적인 내용이라 볼 수 있고, 현실적으로는 프로젝트의 특성에 따라 또는 관리자의 의지에 따라 관리 기준을 다르게 설정할 수 있다. TF≤3인 경우, 여유시간이 3일이 있어도 3일까지는 쉽게 지연되어 여유시간이 사라질 가능성이 크기 때문에 여유시간이 3일 이하인 액티비티까지 모두 주요한 액티비티로 보고 관리하도록 할 수 있는 것이다.

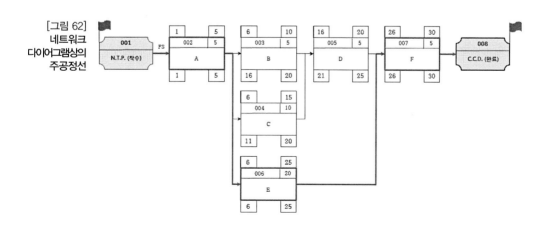

[그림 62]
네트워크
다이어그램상의
주공정선

앞에서 CP가 지연되면 프로젝트 종료일에 영향을 준다는 사실을 배웠다. 그럼 그 반대의 경우는 어떻게 될까? 즉, 프로젝트의 일정을 단축시키기 위해서는 어떻게 해야 할까? 다음과 같은 프로젝트에서 일정을 단축하기 위해서는 어떤 액티비티를 단축해야만 할까?

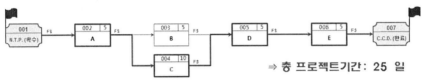

[그림 63]
일정 단축과
주공정선의
관계

⇒ 총 프로젝트기간 : 25 일

프로젝트 기간을 단축하기 위해서는 주요 액티비티가 어떤 것인지부터 확인해야 한다. 왜냐하면 CP가 아닌 액티비티 B를 단축해봤자 프로젝트의 기간에는 영향을 주지 않기 때문이다. 따라서 이 경우, 액티비티 A, 액티비티 C, 액티비티 D, 액티비티 E 중에서 단축을 해야 프로젝트의 기간이 단축될 것이다.

만약 이 프로젝트에서 액티비티 C 기간을 3일만큼 단축했다면 프로젝트의 기간은 어떻게 될까?

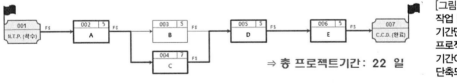

[그림 64]
작업 단축
기간만큼
프로젝트
기간이
단축되는 경우

⇒ 총 프로젝트기간 : 22 일

위 그림에서와 같이 액티비티 C를 3일 단축했기 때문에 프로젝트의 기간이 25일에서 22일로 3일 단축된 것을 확인할 수 있다.

만약 이 프로젝트에서 액티비티 C 기간을 7일만큼을 단축한다면 프로젝트의 기간은 어떻게 될까?

[그림 65]
작업 단축
기간만큼
프로젝트
기간이 단축
안 되는 경우

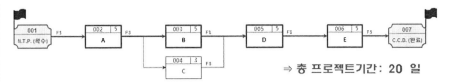

⇒ 총 프로젝트기간 : **20** 일

위에서와 같이 액티비티 C를 7일 단축한다고 프로젝트 기간이 7일 단축되어 18일이 되지는 않는다. 액티비티 C를 5일만큼 단축한 순간부터 CP가 〈A－B－D－E〉로 변경되면서, 더 이상 액티비티 C가 주요 액티비티가 아니기 때문이다. 따라서 프로젝트의 기간에는 5일만큼밖에 영향을 주지 못한다. 이와 같이 프로젝트의 상황에 따라 한 작업에 여러 기법과 자원을 투입하여 기간을 단축하더라도 전체 프로젝트의 일정이 그만큼 단축되지 않는 경우도 발생할 수 있다.

만약 이 프로젝트에서 액티비티 C 기간을 5일만큼 단축했다면 프로젝트의 기간은 어떻게 될까?

[그림 66]
주공정선이
2개인 경우

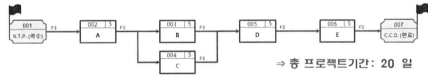

⇒ 총 프로젝트기간 : **20** 일

위에서와 같이 액티비티 C를 5일 단축하면, 〈A－C－D－E〉도 주공정선에 편입된다. 즉, 프로젝트의 특성에 따라 주공정선은 여러 개가 나타날 수도 있다. 만약 다음과 같이 주공정선이 2개인 경우, 이 프로젝트의 기간을 단축하기 위해서 단 1개의 작업만을 단축할 수 있다면, 어떤 작업을 단축해야 할까?

[그림 67]
주공정선이
2개인 경우

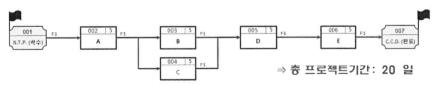

⇒ 총 프로젝트기간 : **20** 일

위 그림에서 액티비티 B 또는 액티비티 C를 단축한다면 프로젝트에 어떤 영향을 줄까?

만약 액티비티 B를 3일 단축한다면 다음과 같이 될 것이다.

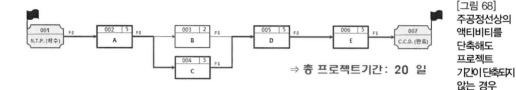

[그림 68]
주공정선상의 액티비티를 단축해도 프로젝트 기간이 단축되지 않는 경우

⇒ 총 프로젝트기간: 20 일

이처럼 주공정선상의 액티비티의 기간을 단축하더라도 항상 프로젝트의 일정이 단축되는 것은 아니다. 이와 같은 경우에는 액티비티 A, 액티비티 D, 액티비티 E 중에서 단축을 해야 프로젝트 기간에 영향을 줄 수 있을 것이다.

앞에서 정의된 주공정선에 대해서 정리해보면

- 주공정선은 전체여유=0 이하인 액티비티들의 경로이다.
- 프로젝트에서 주공정선은 하나 또는 여러 개가 존재할 수 있다.
- 상황에 따라 주공정선은 변동될 수 있다(예: 공기 단축, 설계 변경 등).
- 일정을 단축하기 위해서는 주공정선의 액티비티의 일정을 단축해야 한다.

CPM을 활용한 공정 관리는 계획 단계에서 발견된 주공정선을 프로젝트가 종료될 때까지 관리한다는 개념보다는 프로젝트의 상황에 따라 변화되는 주공정선을 계속해서 추적하며 프로젝트가 정해진 날짜에 종료될 수 있도록 관리해주는 개념이다.

6.3.4 마이너스 '–' 전체여유

앞에서 배운 것과 같이 전체여유는 만기일정(LS 또는 LF)에서 조기일정(ES 또는 EF)을 빼서 계산하기 때문에 기본적으로는 마이너스 '−'값이 나올 수 없다. 하지만 현실적으로 프로젝트의 제약사항에 따라 '−'가 나오게 된다. 여기서 프로젝트의 제약사항은 프로젝트의 계약서에 명시된 종료일을 의미한다.

일정 분석을 통한 계획 종료일이 프로젝트의 종료일과 다르게 나왔다면 어떻게 될까?

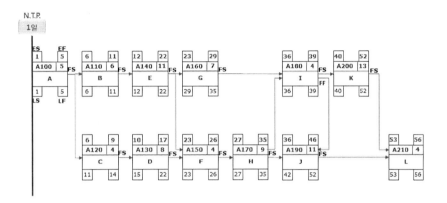

앞의 그림은 앞에서 배운 일정분석에 의한 결과이다. 하지만 이 프로젝트의 종료일이 정해져 있을 경우에는 다음과 같이 될 것이다.

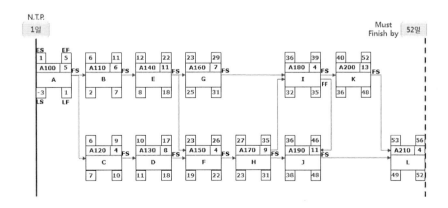

이처럼 프로젝트의 종료일이 정해져 있고 일정 계산으로 산출된 종료일보다 프로젝트 종료일이 작은 경우, 전체여유는 마이너스 '−' 값을 갖게 된다. 이 프로젝트의 액티비티 L의 전체여유는 '−4'이다. 이것은 이 프로젝트가 4일 지연될 것이라는 것을 의미한다. 따라서 우리는 전체여유 값에 따라 현재 짜인 공정 계획이 정해진 종료일보다 얼마나 일찍 끝나는지, 얼마나 늦게 종료하는가를 알 수 있다.

6.4 자원 평준화

CPM은 자원의 제약조건을 고려하지 않고 일정 분석을 하는 기법이다. 자원의 제약조건이 있는 경우 CPM에서는 자원평준화(Resource Leveling)를 활용하여 자원의 효율성을 극대화한다. 자원평준화란 특정 기간에 희소 자원 혹은 공유 자원의 가용성에 한계가 있거나 전체 인원수가 제약되는 상황을 해결하기 위하여 공정 계획을 재조정하는 것을 말한다. 다시 말해 특정 기간 내에 과부하된 자원을 가용한 수준으로 분포하도록 자원 소요량을 분산하는 작업이다.

6.4.1 자원 배당

다음 예제와 같은 스케줄에 필요한 인력 소요량을 계산하면 다음과 같다.

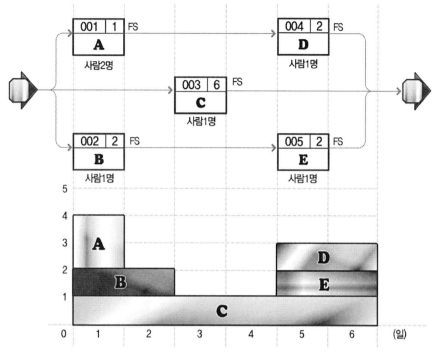

[그림 69]
자원이 배당된
네트워크

위의 그림처럼 인력의 가용성에 따라 앞의 일정대로 프로젝트를
진행할 수도 있고 불가능할 수도 있다. 다시 말해 이 프로젝트를 수
행하는 조직의 팀원수가 1명인지 3명인지에 따라 일정에 변화가 발
생할 수 있다. 이렇게 자원의 가용성에 따라 자원의 투입을 최적화하
여 일정 조정을 하는 것을 자원평준화라고 하는 것이다.

6.4.2 조기 스케줄

앞 예제를 조기 스케줄(Early Time Schedule)로 인력을 배분하면
다음과 같다.

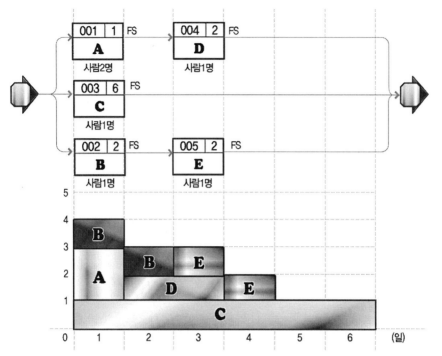

[그림 70]
진조기 스케줄

모든 작업을 가능한 일찍 시작할 수 있는 조기일정으로 공정 계획
을 수립하면 앞의 그림과 같은 결과를 얻을 수 있다. 본 스케줄이 아
무 차질 없이 진행되기 위해서는 최소 4명의 인력이 1일 차에 투입되
어야 한다. 앞에서 배운 CPM을 활용하여 공정 계획을 수립하면, 자
원의 가용성을 고려하지 않았기 때문에 기본적으로 이와 같은 조기
일정으로 계획이 세워질 것이다. 그 후 이와 같은 자원 분석을 통해
자원평준화를 활용하여 실질적으로 실행 가능하며 프로젝트의 자원
활용을 극대화할 수 있는 계획을 찾아내야 하는 것이다.

6.4.3 만기 스케줄

앞 예제를 만기 스케줄(Late Time Schedule)로 인력을 배분하면
다음과 같다.

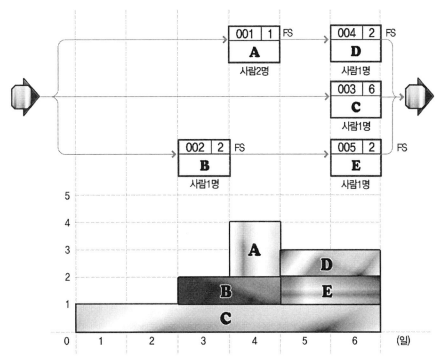

[그림 71]
Late Time
Schedule

모든 작업을 가능한 가장 늦게 시작할 수 있는 만기일정으로 스케줄을 수립하게 되면 앞의 그림처럼 짜일 것이다. 이 공정 계획대로 진행하기 위해서는 최소 4명의 인력이 4일 차에 투입이 되어야 업무를 계획대로 처리할 수 있다.

이처럼 조기일정이나 만기일정으로 스케줄을 짜면 최소 4명의 인력이 필요하게 된다는 것을 알았다. 그럼 이 프로젝트에 4명을 투입하는 것이 효율적일까? 1~2일 차를 보면 1명밖에 필요가 없다. 이처럼 한쪽으로 업무를 몰게 되면 인력투입이 매우 불균형적으로 배치가 되어 실제 투입에도 불필요한 비용이 발생하게 될 것이다. 따라서 이와 같은 문제점을 해결하기 위해 자원평준화를 활용해야 하는 것이다.

6.4.4 자원 평준화 방법

자원을 평준화하기 위해서는 추가로 고려해야 하는 것이 있다. 프로젝트의 기간을 제한하여 기간을 절대 넘어가지 않는 기준으로 자원평준화를 하는 것과 자원의 가용성을 제한하여 최대로 가능한 자원의 수를 기준으로 자원평준화를 할 수 있다. 자원을 조정하는 우선순위는 여유시간과 작업 기간이 작은 액티비티부터 투입해야 한다. 또 각 액티비티의 자원을 다음 그림과 같이 단락 배당시켜서는 안 되며 연속으로 배분해야 한다.

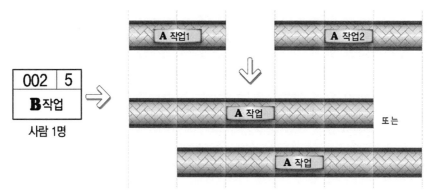

[그림 72]
액티비티 자원 배분

1) 프로젝트 기간을 제한하는 경우

프로젝트 기간을 고정하는 경우 주 공정(Critical path)의 작업은 여유를 갖지 못하기 때문에 일정을 조정할 수 없으며 여유시간이 있는 작업에 대하여서만 조정이 가능하다. 이렇게 하여 최적치를 구한 후에도 조정이 되지 않을 시는 프로젝트 기간을 지키기 위해서는 자원의 추가 투입을 결정해야만 한다. 이 프로젝트의 팀원은 현재 2명이라고 가정했을 때, 제한된 프로젝트 기간 내에 종료하기 위해서는 추가로 인력을 투입해야 프로젝트 기간 내에 끝낼 수 있다는 것이다.

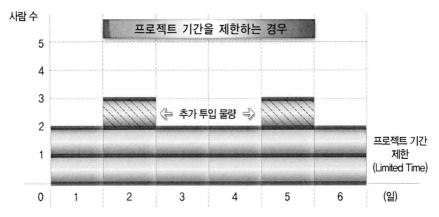

[그림 73]
프로젝트
기간을
제한하는 경우

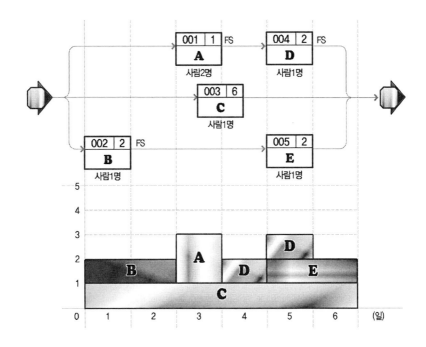

2) 투입 자원량을 제한하는 경우

　자원의 투입 가능량이 제한된 경우는 여유시간이 없는 주 공정에
서는 프로젝트 기간을 연장시킬 수밖에 없게 된다.

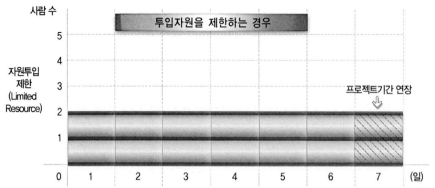

[그림 74]
투입 자원량을
제한하는 경우

2명의 팀원으로 프로젝트를 진행할 수밖에 없는 상황에선 앞에서 처럼 1일만큼의 추가 기간이 있어야 프로젝트를 종료할 수 있다는 것 이다. 이와 같이 자원평준화를 하기 위해서는 정확한 분석이 필요하 며, 이를 바탕으로 자원평준화를 해야 실질적인 계획이 수립될 수 있 는 것이다.

6.5 공기 단축(Schedule Compression)

앞에서 나온 여러 공정 계획의 도구와 기법을 활용하여 스케줄을 수립하다 보면 자원의 제한 등으로 인해 프로젝트의 종료일보다 늦 게 되는 경우가 발생한다. 이런 경우 일정을 단축하기 위해 여러 가 지 방법을 활용할 수 있다.

6.5.1 Crashing

Crashing이란 원가와 일정 사이의 상충관계를 분석하여 최소한의 원가 투입으로 최대한의 기간을 단축할 방법을 결정하는 공기 단축 기법이다. 다시 말해 자원을 추가 투입하여 기간을 단축하는 것으로 단점으로는 자원 추가에 따른 비용이 발생된다는 것이다.

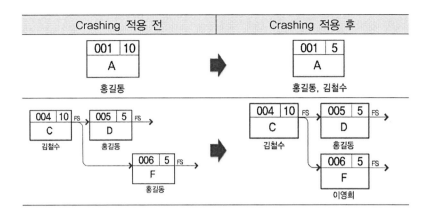

Crashing을 하기 위해서는 어떤 작업에 자원(비용)을 추가 투입할지를 선정하는 것이 가장 중요하다. 우선 프로젝트의 작업 중 주공정선에 해당하는 작업을 찾고, 그 작업들 중 비용구배[1]가 가장 작은 작업부터 자원을 추가 투입하여 지정 공기 내 종료하는 것이다. 이를 MCX(Minimum Cost expediting Method)라고 한다.

- MCX 순서
- 일정 분석을 통한 주공정선 찾기
- 주공정선 중 비용구배가 가장 작은 액티비티 찾기
- 해당 액티비티에 자원 추가 투입(한계치까지)
- 주공정선의 변동 여부 확인

6.5.2 Fast Tracking

패스트 트랙(Fast Tracking)이란 순차적으로 수행되는 단계 또는 활동을 병행하여 기간을 단축하는 기법이다. 다시 말해 기본적으로는 선행 액티비티가 종료 후 후행 액티비티가 시작될 수 있는 것을 선행 액티비티가 어느 정도 진행된 시점에 후행 액티비티가 시작하여

---

1) 비용구배 : Cost Slope, 비용을 기간으로 나눈 값으로 최소비용으로 일정 단축을 위해 사용
　　　　＝(특급계획비용－정상계획비용)／(정상계획기간－특급계획기간)

병행으로 수행하여 종료되는 시점이 앞당겨질 수 있도록 하는 것이다. 단점으로는 선행 액티비티가 끝나지 않은 상황에서 후행 액티비티를 진행하다 보니 선행 액티비티의 내용이 변경되는 경우로 인해 재작업을 해야 하는 상황이 발생할 수 있다.

건설사업의 경우, 설계가 종료된 후 시공이 시작되는 것이 기본이지만, 프로젝트 기간을 단축하기 위해 우선시공분에 대한 설계 종료 후부터 잔여시공분의 설계와 시공이 동시에 착수하는 경우가 패스트 트랙을 적용한 사례이다.

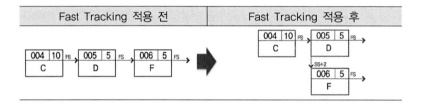

위에서처럼 병행작업이 아니였던 것을 병행작업으로 만들었으면 모두 Fast Tracking을 적용한 것으로 생각할 수 있으나, Crashing 의 경우도 자원을 추가 투입하여 두 작업을 병행으로 만들 수 있다. 따라서 단순히 병행작업이 됐는지를 가지고 판단하는 것보다는 자원의 제약조건으로가 아니라 원래 가지고 있는 의존관계가 끝나고 시작해야 하는 작업을 어느 정도 시간이 흐른 후 같이 진행할 수 있도록 하는 것에 초점을 두어야 한다.

▌연습문제_Crashing의 MCX 실습 문제

1. 다음 내용을 보고 Crashing을 수행하시오.

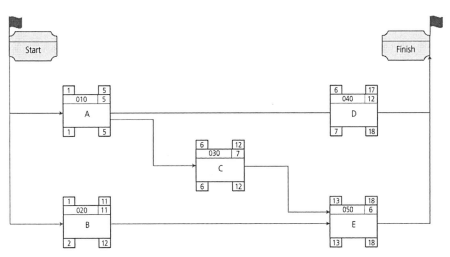

액티비티	Normal Time	Normal Cost	Crash Time	Crash cost	Slope Cost / Day
A	5일	$ 80	4일	$130	$50
B	11일	$ 75	8일	$255	$60
C	7일	$165	6일	$205	$40
D	12일	$ 48	10일	$108	$30
E	6일	$314	4일	$454	$70
Total	18일	$682	14일	$1152	—

[답안 예시]

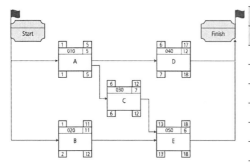

18 SCHEDULE			
액티비티	N. Cost	C. Cost	Total
A	$ 80	–	$ 80
B	$ 75	–	$ 75
C	$165	–	$165
D	$ 48	–	$ 48
E	$314	–	$314
Total	$682	–	$682

[답안 예시]

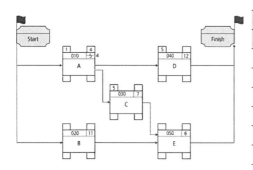

17 SCHEDULE			
액티비티	N. Cost	C. Cost	Total
A	$ 80	$ 50	$130
B	$ 75	–	$ 75
C	$165	–	$165
D	$ 48	–	$ 48
E	$314	–	$314
Total	$682	$ 50	$732

[답안 예시]

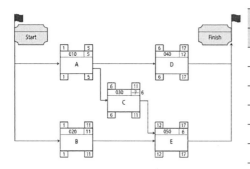

17 SCHEDULE			
액티비티	N. Cost	C. Cost	Total
A	$ 80	–	$80
B	$ 75	–	$ 75
C	$165	$ 40	$205
D	$ 48	–	$ 48
E	$314	–	$314
Total	$682	–	$722

[실습]

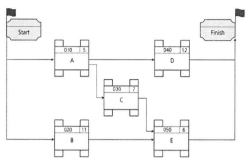

17 SCHEDULE			
액티비티	N. Cost	C. Cost	Total
A	$ 80		
B	$ 75		
C	$165		
D	$ 48		
E	$314		
Total	$682		

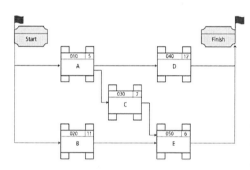

16 SCHEDULE			
액티비티	N. Cost	C. Cost	Total
A	$ 80		
B	$ 75		
C	$165		
D	$ 48		
E	$314		
Total	$682		

[실습]

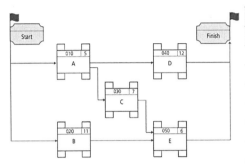

16 SCHEDULE			
액티비티	N. Cost	C. Cost	Total
A	$ 80		
B	$ 75		
C	$165		
D	$ 48		
E	$314		
Total	$682		

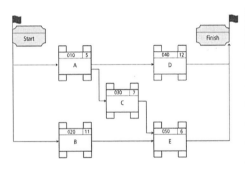

15 SCHEDULE			
액티비티	N. Cost	C. Cost	Total
A	$ 80		
B	$ 75		
C	$165		
D	$ 48		
E	$314		
Total	$682		

[실습]

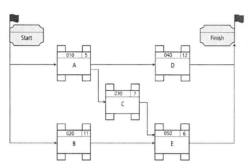

15 SCHEDULE			
액티비티	N. Cost	C. Cost	Total
A	$ 80		
B	$ 75		
C	$165		
D	$ 48		
E	$314		
Total	$682		

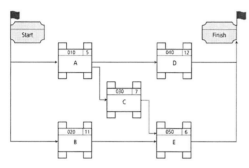

14 SCHEDULE			
액티비티	N. Cost	C. Cost	Total
A	$ 80		
B	$ 75		
C	$165		
D	$ 48		
E	$314		
Total	$682		

2. 다음 내용을 보고 Crashing을 수행하시오.

액티비티 ID	액티비티 Activity	Normal Duration	Crash Duration	Normal Cost	Crash Cost	Slope
001	I	6일	2일	$400	$700	75
002	C	10일	7일	$325	$355	10
003	E	4일	3일	$100	$105	5
004	B	7일	4일	$200	$260	20
005	G	2일	2일	$500	$500	–
006	D	8일	5일	$225	$240	5
007	H	16일	8일	$400	$440	5
008	F	2일	1일	$200	$400	200
009	A	9일	4일	$600	$850	50

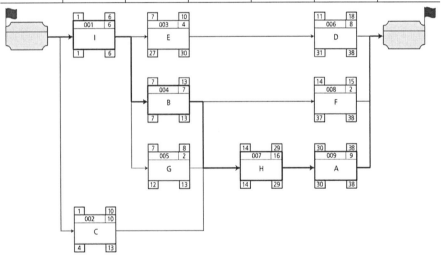

* Overhead : $25/day
  Bonus : $25/day(28th day보다 이르게 완료되는 경우)
  Penalty : $25/day(31th day보다 늦게 완료되는 경우)

[빈칸 채우기]

Act Name	Construction Duration										
	38	35	33	31	29	27	25	23	21	19	18
	Csh $	Csh $	Csh $	Csh $	Csh $	Csh $	Csh $	Csh $	Csh $	Csh $	Csh $
I	6일	6일									
	—	—									
C	10일	10일									
	—	—									
E	4일	4일									
	—	—									
B	7일	7일									
	—	—									
G	2일	2일									
	—	—									
D	8일	8일									
	—	—									
H	16일	13일									
	—	$15									
F	2일	2일									
	—	—									
A	9일	9일									
	—	—									
Crash Cost	0	15									
Normal Cost	2950	2950	2950	2950	2950	2950	2950	2950	2950	2950	2950
Const Cost	2950	2965									
Overhead	950	875	825	775	725	675	625	575	525	475	475
	3900	3840									
B & P	+175	+100	+50	0	0	−25	−75	−125	−175	−225	−250
Total Costs	4075	3940									

* B & P : Bonus & Penalty

[그래프]

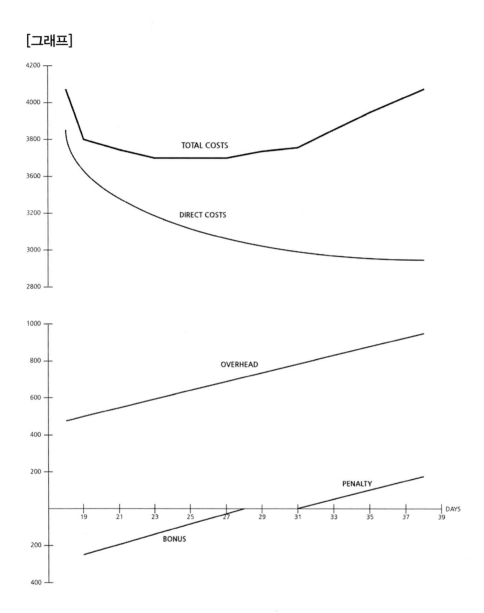

3. 프로젝트 일정 단축을 위해 Crashing 을 고려하고 있다. 보기 중 가장 먼저 대상으로 삼아야 하는 액티비티는 무엇인가?

액티비티	선행 액티비티	기간 Duration	최대 Crashing 기간	수행비용($)	1일 단축을 위한 추가 비용($)
A		3	1	150	50
B	A	6	2	380	10
C	A	10	1	460	30
D	A	11	4	450	40
E	B	8	2	200	20
F	C, D	5	1	240	70
G	E, F	6	0	170	−

① A

② B

③ D

④ E

6.6 소요량과 투입량

소요량은 시간을 고려하지 않고 작업 종료까지 필요한 자원의 양을 의미하며 투입량은 시간, 공간, 선·후행 액티비티 간의 관계 등을 고려하여 작업 종료까지 실제로 투입되게 되는 자원의 양을 의미한다.

6.6.1 소모성 자원(Consumable Resource)

- 재료, 자재 등과 같이 사용하면 재사용이 불가능한 자원
- 소모성 자원의 관리는 적기에 적량을 공급할 수 있도록 하는 것이 관리 목표

소모성 자원인 경우, 한 번 사용하면 재사용이 불가능한 자원이기 때문에 계획했던 일정보다 늦게 작업을 진행하더라도 사용되는 양이 늘지 않는다. 즉, 소모성 자원인 경우 소요량과 투입량이 일치하다는 것이다. 따라서 소모성 자원은 투입량에 대해 특별한 관리가 필요하지 않는다.

6.6.2 내구성 자원(Recurring Resource)

- 인력, 장비, 가설재와 같이 반복 사용이 가능한 자재
- 최적의 내구성 자원 관리는 투입량을 최소화, 자원 배분의 균등화 (Scheduling / Leveling)

내구성 자원인 경우, 프로젝트 기간 동안 수시로 사용하게 되는 자원으로 계획된 기간에 투입이 되지 못하게 되면 그에 따른 손실(비용)이 발생하게 된다. 즉, 내구성 자원인 경우 프로젝트에 필요한 양보다 실제로는 더 많은 양이 투입되게 된다는 것이다. 이와 같이 내구성 자원의 계획에 따라 소요량보다 투입량이 많아져서 과다한 추

가 비용이 발생하는 것을 최대한 방지하는 것이 공정 관리에서 해야 하는 일이라고 볼 수 있다.

예를 들어 어떤 작업을 하기 위해 한 장비를 렌탈을 했다. 이 장비가 처리해야 하는 물량은 액티비티 A의 50개, 액티비티 B의 50개였고, 하루에 10개를 처리할 수 있다. 총 100개를 하루에 10개씩 처리한다면 10일이면 작업을 종료할 수 있다. 이 10일이 이 장비의 소요량을 의미한다. 그래서 이 장비의 렌탈하는 기간과 비용을 10일 기준으로 예산을 잡았다.

[그림 75]
장비 소요량
10일

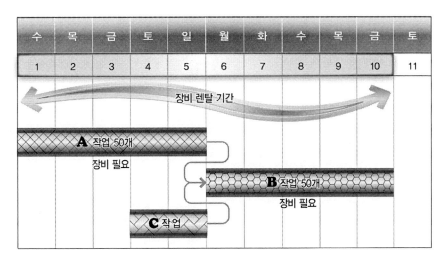

앞에서처럼 계획을 잡고 작업을 진행하다 보니 액티비티 B의 선행인 액티비티 C가 하루가 지연되어 6일에 끝나게 되었다. 이로 인해 액티비티 B는 계획했던 6일에 시작할 수 없게 되었다. 종료일 역시 10일에 끝날 계획이었으나 11일에 종료될 것이다.

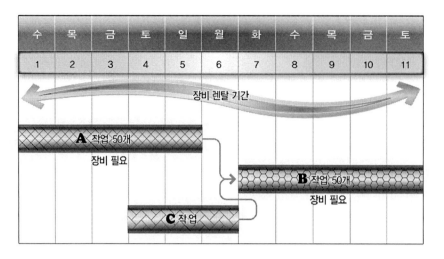

[그림 76]
장비 투입량
11일

결과적으로 장비가 투입된 일수는 1일부터 11일까지 총 11일이 되었다. 이처럼 시간적, 공간적, 선행 액티비티 간의 관계 등에 의해 소요량과 투입량이 달라지는 경우가 발생하게 되는 것이다. 장비가 아니라 인력인 경우도 마찬가지이다. 인력이나 장비인 경우, 기간으로 비용이 발생하기 때문에 프로젝트에 투입시켜놓고 사용을 하지 않아도 비용은 지불되기 때문이다. 이와 같이 자원(인력, 장비)의 투입 계획을 제대로 세우지 않으면 계획했던 비용보다 더 많은 비용이 발생하게 된다. 이를 관리하기 위해서 공정 계획 시 자원에 대한 분석을 통해 투입 계획을 반영해야 하는 것이다.

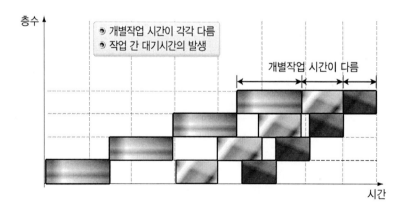

6.7 공정표의 종류

6.7.1 관리 단계에 따른 분류

관리 단계에 따라 분류된 공정표는 앞에서 설명된 WBS 분류체계에 준하여 최하위 레벨에서부터 최상위 단계까지 작업의 내용과 단계를 명확하게 구분하고 각 단계에서 작업 단위와 프로젝트 자체와의 관계가 잘 파악 되도록 해야 하며 하위 단계부터 상위 단계로 이동하며 순차적으로 비용, 시간 등을 요약보고 관리할 수 있는 체계의 기초가 된다.

[그림 77]
관리 단계에
따른 분류

1) 총괄 공정표(Master Schedule : Level I)

총괄 공정표는 건설사업의 경우 설계, 구매, 시공 및 시운전 등을 포함한 사업 전체 공정표로서 건설사업의 주요 공정, 기자재 공급 및 세부 업무 추진 등의 계획을 수립하기 위한 기본적 골격을 제공하고, 최상위 관리자에게 건설사업의 공정 현황을 가장 간단하고 집약된 형태로 제공한다. 총괄 공정표는 공정표 체계 중 Level I에 해당하는 공정표이며 설계, 구매, 시공, 시운전을 포함한 사업 전 단계의 사업 계획 및 주요 일정(Key 마일스톤)을 제시한다. 총괄 공정표의 주요 내용은 다음과 같다.

- 사업 추진 주요 일정(Key 마일스톤 Dates)
- 업무 분류 체계(Work Breakdown Structure)
- 분야별 주요 공정 및 공기(착공 및 완공)
- 공정 간의 연계성(작업 간 인계 시점)
- 주요 공정(Critical Path)

2) 요약 공정표(Summary Schedule : Level II)

단계별 종합 공정표는 작업 부문별(Engineering, Construction 등) 주요 업무를 진행 단계별로 분류한 종합 공정표로서 각 분야별로 집약된 형태의 공정 현황을 제공하는 공정표이다. 이것은 관리 기준 공정표(Integrated Project Schedule) 작성의 지침자료가 된다.

3) 관리 기준 공정표(Integrated Project Schedule : Level III)

프로젝트의 설계, 발주(구매 / 계약), 시공 및 시운전 업무를 관리 가능한 단위작업으로 세분화하여 관련부서 혹은 관련사의 업무 수행 계획을 나타낸 Level 3 단계의 공정표를 말한다. 단위작업 간 연계관계와 목표 일정을 제공하고, 공정 계획에 따른 업무 실적을 분석하여 정확한 공정 현황 파악과 대책 수립을 수립하는 기본이 된다.

① 작성 기준
- 총괄 공정표에 의한 목표 일정 및 기본 가정사항을 반영한다.
- 작업 순서, 소요 기간 및 공종별 연계관계를 PERT / CPM 기법으로 표현한다.
- 주 공정과 여유 공정 산출이 가능하고, 중점 관리 대상을 구분하기 쉽게 작성한다.
- 해당 프로젝트 WBS에 의한 번호 분류 체계를 적용한다.

② 관리 기준 공정표의 기능

- 프로젝트 공정 관리의 기준이 되는 기본도구이다.
- 각종 업무 일정의 현황 파악 및 예측 기능을 한다.
- 설계 / 구매 / 시공 / 시운전 공정 간 상호연계, Interface 영향을 분석한다.
- 시공 일정과 연계된 주요 기자재의 현장 투입 일정을 제시한다.

4) 상세 공정표(Detail Schedule : Level IV)

관리 기준 공정표(Integrated Project Schedule)를 통하여 공사 전반을 자세하게 관리할 수 있도록 표현된 네트워크로서 공사 수행 시 단위별 연관성을 명확히 하고 상호조정을 통하여 실제공사 시공 업무와 책임한계가 분명하며 공사 추진 실적을 정확히 분석할 수 있도록 공사 내역(Cost Break Down)과 연계시켜 작성한다.

6.7.2 관리 분야 및 사용 목적에 따른 분류

일반적으로 공정표라고 하면 프로젝트에 직접적으로 관련된 수행 사항만을 액티비티화하여 관리하는 것으로 알고 있으나 실제적인 관리 차원에서 본다면 일반 관리 항목, 설계, 구매 조달 등의 관련 항목들이 실제 프로젝트에 영향력을 더 많이 주고 있음을 알 수 있다. 어느 한 분야에 치우친 관리는 의미도 없으며, 전체 분야별 관리 항목을 고려하여 프로젝트를 계획하고, 관리해야 한다.

1) 일반 분야(General)

일반 분야에 해당하는 발주자 요구사항, 제출서류, 인허가사항 등에 대한 내용을 관리할 수 있도록 작성한다. 제출서류나 인허가는 제출 시 검토하여 승인되는 기간을 고려하여 후행 액티비티의 문제가 없도록 선행 작업 정보를 포함한다.

2) 설계 분야(Engineering)

설계 분야를 설계 업무별, 건물 / 설비별(Building / Facility) 또는 계통별로 분류하여 단위 작업의 수행 계획 및 상관관계를 나타낸다. 설계에 관련되는 제반 사항들의 업무 계획 및 진척 관리를 함으로써 후속 관련 작업들인 구매, 시공 등의 작업들을 연계시켜 관리할 수 있도록 작성한다.

3) 구매 조달 분야(Procurement)

구매 공정표는 소요 기자재의 단계별 공정을 관리하기 위한 공정표로서 설계와 시공의 중간 분야라고 할 수 있다. 구매를 위한 사전 설계관계를 관리해야 하고, 후속 작업인 시공 분야의 작업 등과 연계시켜 관리할 수 있도록 작성한다.

4) 시공 분야(Construction)

실제 건설 공정 관리에 중심이 되는 공정표로서, 시공 분야를 시설별 또는 설비별로 분류하며, 단위 작업의 수행 계획 및 상관관계를 표시한다. 시공 분야의 액티비티들은 관련 분야 설계 및 구매 조달과 연계시켜 원활한 프로젝트 관리가 될 수 있도록 해야 한다. 그리고 후속 작업인 시운전(Start-Up) 분야의 관리 항목과 일체감을 가질 수 있도록 연관관계를 구성하는 것이 더욱 효과적일 것이다.

5) 시운전 분야(Start-up)

시운전 종합 공정표는 총괄 공정표를 기준하여 프로젝트 시운전 분야의 주요 업무를 시운전 작업 단계별로 종합한 공정표로써, 시운전 분야를 시설별, 기능별, 계통별로 분류하며, 단위 작업의 수행 계획 및 상관관계를 표시한다.

chapter 07

공정 컨트롤

공정 컨트롤은 초기에 작성된 공정 계획을 실제 공사가 진행되면서 계획에 대비한 실적을 분석하고 공정의 진해 상황에 따른 계획일정의 변화 상태에 따라 공사 계획의 검토 및 재수립 공정 계획표의 수정 등을 시행하는 것을 말한다. 이렇게 프로젝트의 진척 사항을 관리한다고 하는 것은 프로젝트를 종료할 때까지 진척 사항에 관계된 모든 상황을 기존 계획에 반영시키고 수정, 보완하여 항상 현실적인 공정 계획을 유지시켜주는 것으로서 프로젝트의 성공적인 종료를 위해서 가장 중요한 기능이라고 할 수 있다.

건설사업에서는 예상하지 못했던 일이나, 설계 변경, 기후 조건, 신기술 및 신공법의 발생 등으로 인해 발생하는 시공순서 및 공사 기간 등의 변경사항을 재작성하고 재산정하여 준공기일을 엄수할 수 있도록 해야 한다. 때에 따라서는 공사 지연 사항을 사전에 인지할 수 있어야 하고 만회 대책을 수립할 수 있는지, 아니면 준공 기한을 연장해야 하는지를 판단하는 자료가 산출되도록 다음 사항을 고려하여 작성되어야 한다.

- 기준 시점일(Time Now / Data Date)
- 실제 착수일 및 실제 종료일(Actual start / Finish Date)
- 잔여 공기(Remaining Duration)
- 의존관계 변경(Logic Change) 및 작업의 추가 및 삭제(Add / Delete 액티비티)

이러한 공정 컨트롤은 기준시점(Time Now)에서 실제 운용 가능한 자료가 산출되기 위해서 정기적으로 진도 관리가 되도록 일간(Daily), 주간(Weekly), 월간(Monthly)별로 실시되어야 하며 최소한 월별 진도 관리는 반드시 실시되어야 한다.

7.1 프로세스 흐름

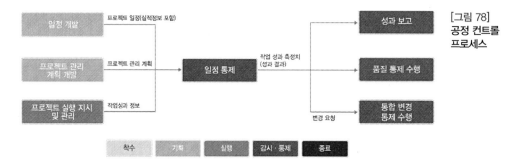

[그림 78]
공정 컨트롤
프로세스

* Project Management Institute (PMI), A Guide to the Project Management Body of Knowledge (PMBOK® Guide) 5th Edition, 2013, p.186의 내용을 수정함

7.2 진도 관리(Monitoring)

7.2.1 진도율 산정

작업의 진도율을 산정하기 위해서는 프로젝트의 특성과 작업의 특성을 고려한 기준을 정해야 한다. 다음 그림과 같이 스텝 1이 종료된 것을 몇 %의 진도가 완료된 것으로 할 것인가?

[그림 79]
진도율 산정
기준

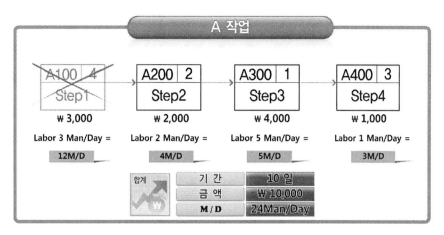

위 질문의 답은 30%, 40%, 50% 정도로 볼 수 있다.

- 30%는 Cost를 기준으로 전체 금액 ₩10,000 중 ₩3,000이 완료
- 40%는 Duration을 기준으로 전체 기간인 10일 중 4일 작업이 완료
- 50%는 Manpower를 기준으로 전체 24M/D 중 12M/D가 사용

이처럼 작업의 진도율은 어떤 기준으로 평가하느냐에 따라 인정되는 %가 달라진다. 작업의 특성에 따라 다음과 같은 기준이 있다.

- 기간 기준 : 일정 시간의 경과에 따라 작업의 진도를 결정하는 방법
- 물량 기준 : 처리되는 자원의 양에 따라 작업의 진도를 결정하는 방법
- 스텝 기준 : 스텝에 대해 비용, 기간, 물량 등의 가중치를 두어 작업의 진도를 결정하는 방법
- 임의 기준 : 감독관의 주관적인 기준에 따라 임의로 작업의 진도를 결정하는 방법

7.2.2 기준 시점일(Time / Data Date)

기준시점일은 프로젝트 관련 자료 및 정보를 수정하는 기준일을

의미하는 것으로서 프로젝트 관련 현황, 진척률, 공사 계획에서 계획에 대해 앞선 공정이나 지연된 공정을 계산하는 기준일을 의미한다. 다음 그림에서의 기준일은 착수일(13.01.01.)에서 93일이 경과한 시점, 즉 13.04.04을 기준 시점일로 정하였다. 이 기준 시점일을 Time Now 혹은 Data Date라고 한다.

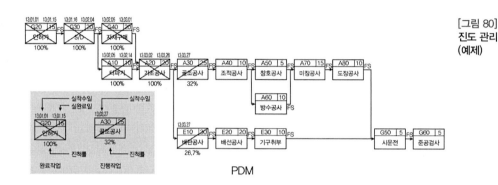

[그림 80]
진도 관리
(예제)

7.2.3 실제 착수일 및 실제 종료일(Actual Start and Finish Date)

실제 착수일 및 실제 종료일은 각 단위작업(액티비티)의 실제의 착수일과 종료일을 기록 적용하여 당초의 계획과 비교하여 잔여 작업들의 계획을 재수검하는 자료가 만들어질 수 있도록 하는 것이다. 소요량과 투입량을 적절히 예측하고 조정해줌으로써 자원 활용을 극대화시킨다.

7.2.4 잔여 공기(Remaining Duration)

이미 종료된 작업에서는 실제 착수일에서 실제 종료일까지가 실제 공기를 산출할 수 있으나 진행 중인 작업에서는 진척률에 따른 잔여 공기를 산정해야 한다.

• 작업 A30 : 골조공사 기간이 '93 Day'의 진척률이 '32%'이기 때문에

- 잔여 공기＝공사 기간−(공사 기간×진척률)

  $$17 = 25 - (25 \times 0.32)$$

로 계산되는 것처럼 일반적인 진척률을 공사 기간에 대입하여 산정하는 것을 원칙으로 한다. 그러나 때에 따라서는 진척률을 공사 물량, 기타 자원 중심으로 계산할 때가 있기도 하며, 또한 처음에 계산한 생산성의 예상이 잘못되어 작업의 공사 기간을 다시 산정해야 할 경우가 있기도 하고, 기타 여러 가지 변수 때문에 순수 잔여 공기를 별도로 계산하여 적용할 때도 있다.

7.3 성과 관리

7.3.1 EVMS 개념

EVMS(Earned Value Management System)은 1967년 미국방부(DoD) 프로젝트 성과 측정을 위해 C/SCSC(Cost and Schedule Control System Criteria)를 개발 운영하면서 태동된 개념이다. EV(Earned Value)는 어떤 노력을 통해 획득된 가치를 말하는 것으로 사업의 특정 시점에서 실제 수행된 작업량 또는 진도율과 유사한 개념이며, 이를 관리하는 기법을 EVMS이라 말한다.

- EVMS은 프로젝트를 구성하는 작업, 비용, 일정을 통합하여 계획 대비 실적을 비교하고 사업성과를 관리하는 기법이다.
- 프로젝트 착수 전에 작업의 진척상태를 통일된 단위로 파악할 수 있도록 모든 작업의 공정과 비용을 철저하게 계획하는 기반이 된다.
- 비용 관점에서 계획과 실적을 정확하게 측정하여 분석할 수 있는 객관적인 기준을 제공한다.

- 프로젝트가 완성될 때까지 소요될 비용과 기간에 대해 주기적으로 분석하고 결과 값에 의한 예측이 가능하며, 공기 지연 및 예산 초과 등 리스크 요인에 대한 정량적 문제 해결 방안을 제시한다.

7.3.2 EVMS 역사

① 1900년대 초
- 비용·성과 효율 측정
- 미국에서 산업공학자들이 생산 공장에서 비용이 효율적으로 투입되고 있는지를 점검하기 위하여 비용·성과 효율 개념을 도입, 최초로 비용편차(Cost Variance)를 정의

② 1967~96년
- C/SCSC, 미국 국방부(DoD)
- 1965년에 미국 공군에 의해 개발된 비용 / 공정 통합관리시스템(Cost / Schedule Control System Criteria) 기준으로, 1967년부터 미국방부(DoD)에서 발주하는 주요 프로젝트에 참여하기를 원하는 모든 민간 기업에도 적용하기 시작
- Cost Plus Type, Incentive Type의 계약에 적용, 35개 Criteria로 구성

③ 1996~98년
- Industry Standard Guidelines for EVMS, NSIA[1]
- 민간주도의 NSIA에서 C/SCSC의 35개 Criteria를 32개로 줄이고, 사용된 용어도 PM에 적합한 단어로 변경한 EVMS를 개발하여 1996년에 미국방부(DoD)의 승인을 받음

④ 1998년~현재
- ANSI[2] / EIA[3] 748–98
- 1998년에 NSIA의 EVMS 32 Criteria가 미국 국가 표준원 및 미국 전자기계공업회 규격으로 채택

---

1) NSIA : National Security Industrial Association, 미국 국가 안보 산업 협회.
2) ANSI : American National Standards Institute, 미국 국가 표준원.
3) EIA : Electronic Industries Association, 미국 전자기계공업회.

7.3.3 EVMS 구성 요소

EVMS을 구성하는 요소는 프로젝트 성과 측정의 기준 설정을 위한 계획 요소와 성과 측정 및 경영 분석을 위한 측정 요소, 분석 요소로 구분한다.

1) 계획 요소

계획 요소는 EVMS을 적용하여 프로젝트 성과 측정을 위한 통일된 측정단위를 계획하는 기반으로 다음 내용을 포함한다.

[표 1] EVMS 계획 요소

용어	약어	내용
Work Breakdown Structure	WBS	작업 분류 체계
Control Account	CA	성과 측정 및 분석의 기본 단위
Performance Measurement Baseline	PMB	공정 / 공사비 통합 관리 기준선

- 작업 분류 체계(WBS)는 프로젝트의 모든 작업내용을 계층적으로 분류하여 프로젝트 일정과 성과를 측정하기 위한 로드맵(Road map)이다.
- 관리계정(Control Account)은 작업 분류 체계상의 특정 계층을 말하며, 공정 / 공사비 통합 및 성과 측정의 기본 단위가 되고, 프로젝트의 규모, 난이도 등 특성에 따라 상세 정도가 결정된다.
- 관리 기준선(Baseline)은 관리계정을 구성하는 항목별로 비용을 일정에 따라 배포하여 표기한 누계곡선을 말하며, 이는 계획과 실적을 비교·관리하는 성과 측정 관리 기준선이 된다.

2) 측정 요소

측정 요소는 실제 프로젝트가 수행되는 과정에서 주기적으로 프로젝트의 성과를 측정하는 지표로서 다음 내용을 포함하고 있다.

[표 2] EVMS 측정 요소 용어 정리

용어	약어	내용
Planed Value	PV(BCWS)	특정 시점까지 투입 계획된 예산
Earned Value	EV(BCWP)	수행된 물량에 해당하는 예산
Actual Cost	AC(ACWP)	수행된 물량에 투입된 비용
Budgeted At Completion	BAC	계획된 총 예산

- PV는 공정 계획에 의해 특정 시점까지 완료해야 할 작업에 배분된 예산을 말한다.
- EV는 특정 시점까지 실제 완료한 작업에 배분된 예산을 말한다.
- AC는 특정 시점까지 실제 완료한 작업에 실제 투입된 비용을 말한다.
- BAC는 프로젝트 종료 시점에서의 예상되는 총 투입 비용을 의미한다.

3) 분석 요소

분석 요소는 계획 요소 및 측정 요소 관련 데이터를 분석하여 특정 시점에서 공사진도율과 향후 완료율 등의 추정치를 분석하는 것으로 다음을 포함한다.

[표 3] EVMS 분석 요소 용어 정리

용어	약어	내용
Schedule Variance	SV	공정편차
Schedule Performance Index	SPI	공정성과 지수
Cost Variance	CV	공사비 편차
Cost Performance Index	CPI	공사비 성과지수
Estimate To Complete	ETC	잔여 소요 비용 추정액
Estimate At Completion	EAC	최종 소요 비용 추정액
Variance At Completion	VAC	최종 공사비 편차 추정액
To Complete Performance Index	TCPI	완료성과지수

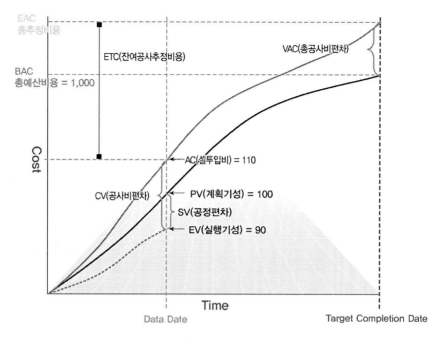

[그림 81]
EVMS 개념
정리

- 공정편차(SV)는 특정 시점에서 PV와 EV의 차이를 비용의 개념으로 나타 낸 것으로 공정 지연 정도를 지수형태로 나타낸 것이다.

  SV=EV−PV, SV<0 공정 지연, SV>0 공정 초과 달성, SV=0 정상 공정

- 공정성과지수(SPI)는 특정 시점에서 EV를 PV로 나눈 수치를 1을 기준으 로 나타낸 것이다.

  SPI=EV / PV, SPI<1 공정 지연, SPI>1 공정 초과 달성, SPI=1 정상 공정

- 공사비 편차(CV)는 특정 시점에서 EV와 AC의 차이로서 공사비의 초과 집행 또는 절감 여부를 비용의 형태로 나타낸 지수이다.

  CV=EV−AC, CV<0 공사비 초과 집행, CV>0 공사비 절감

- 공사비성과지수(CPI)는 특정 시점에서 EV를 AC로 나눈 수치를 1을 기준 으로 나타낸 것이다.

  CPI=EV / AC, CPI<1 과다 지출, CPI>1 비용 절감, CPI=1 정상 지출

- 잔여공사비 추정액(ETC)은 성과 측정 기준일 이후로부터 추정 완료일까 지의 실투입비에 대한 추정치를 말한다.

현 시점의 CPI가 미래에도 지속될 것이라고 가정 시 ETC=(BAC−EV) / CPI

최초 계획된 생산성을 가정, 또는 EV=AC라고 가정 시 ETC=(BAC−EV) / 1

현 시점의 CPI와 SPI를 둘 다 반영 시 ETC=(BAC−EV) / (CPI × SPI)

프로젝트 관리자가 판단하는 특정 CPI를 반영 시 ETC=(BAC−EV) / 특정 CPI

- 최종공사비 추정액(EAC)는 프로젝트 착수일부터 추정 완료일까지 실투입 비에 대한 추정치를 말한다.

  EAC=실투입비(AC)+잔여공사비 추정액(ETC)

- 최종 공사비편차 추정액(VAC)는 목표공사비와 최종공사비 추정액 간의 차액을 말한다.

  VAC=목표공사비(BAC)−최종공사비 추정액(EAC)

- 완료성과지수(TCPI)는 프로젝트 특정 시점부터 종료 시점까지 가지고 가 야 할 성과지수를 말한다.

  남은 작업을 남은 예산으로 완료하기 위한 성과지수
  : TCPI=(목표공사비(BAC)−EV) / (목표공사비(BAC)−AC)
  남은 작업을 잔여공사추정비로 완료하기 위한 성과지수
  : TCPI=(목표공사비(BAC)−EV) / (총공사추정비(EAC)−AC)

7.3.4 성과 분석(Earned Value 측정)

EVMS에서 성과 분석은 다양한 방법으로 이루어진다. EVMS을 실현하기에 앞서 중요한 내용 중 한 가지가 바로 성과 분석 기준을 설정하는 것인데. 프로젝트마다 그 기준은 다양하다.

1) Earned Value 측정 기준

[표 4] EV 측정 기준

구분	내용	특징
Weighted Milestone	마일스톤에 가중치 비용을 분할	• 객관적인 마일스톤을 월당 1∼2개 설정 • 가장 선호됨과 동시에 작성과 관리가 어려움 • 짧은 공기를 갖는 경우에 적합
Fixed Formula by Task	일정 비율, 즉 0/100, 50/50 등으로 분할	• C/SCSC 초기에 많이 활용, 최근 적용 감소 • 이해하기 쉬움 • 효과적 활용을 위해선 작은 관리 단위 유지 필요 • 3개 단위 기간 이하에 적합
Percent Complete Estimate	월별 실적진도를 담당자의 평가에 의하여 결정	• 주관적 판단에 의거 • 객관성을 높이기 위해선 관리지침을 설정하여 활용 • 관리의 용이성으로 활용도가 높아지고 있음 • 일반적으로 누계진도를 표시
Percent Complete & Milestone gate	마일스톤에 가중치와 주관적 실적진도를 병행 사용	• 주요 마일스톤 내에서 주관적 실적진도를 평가 • 마일스톤 활용 시 기준진도 작성에 필요한 과중한 노력 경감
Earned Standard	과거실적자료에 근거한 기준 설정	• 가장 정교하며 체계적 관리를 요함 • 반복적 작업 또는 규칙적 생산작업 등에 제한적 활용
Relationship to Discrete Work	밀접한 상관관계를 갖는 작업을 함께 평가	• 일정 차이에서는 큰 오차를 발생치 않으나 비용 차이에서는 현격한 오차를 유발하는 단점 있음
Level of Effort	작업보다는 시간에 의하여 진도 평가	• 물리적 작업이 아닌 계획 진도에 의해 평가 • 실적 진도와 같아지는 단점

2) 기성 지불 방식

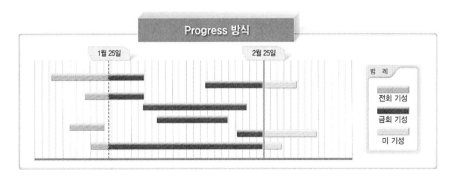

액티비티가 진행되는 진도율(%)에 따라 액티비티에 할당된 총금액 중 진도율(%)만큼의 금액을 받는 방식을 말한다. 공정률과 기성률이 동일하게 진행될 수 있는 방식이다.

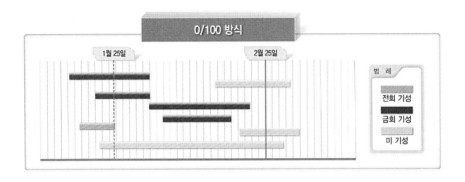

액티비티가 착수하더라도 종료되기 전까지는 기성을 인정하지 않다가 종료가 되면 100%로 인정을 해주는 방식이다. 기성률은 공정률보다 낮게 책정되는 방식으로 계약자에게 불리한 방식이다.

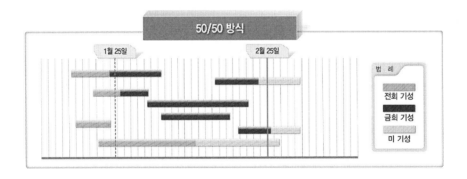

액티비티가 착수하기 되면 50%에 대한 금액을 받고, 종료가 되면 나머지 50%에 대한 금액을 받는 방식이다. 0/100에 비교했을 때 보다 합리적이며, 계약자입장에선 선급금을 받는 개념으로 부담감을 줄일 수 있다.

3) EVMS 성과분석표

[표 5] 한국빌라 신축공사 Project 성과분석표

공사명	길동빌라 신축공사						작성자	홍길동	작성일	12.08.14
목표 준공일	2013. 05. 01		추정 준공일	2013. 04. 02			최종공정변동일수 추정치			−29 Days

관리 계정	성과 측정일 기준						준공일 기준			
	❶ 계획 공사비 PV (BCWS)	❷ 달성 공사비 EV (BCWP)	❸ 실투입비 AC (ACWP)	❹= ❷/❶ 공정 성과 지수 (SPI)	❺= ❷/❸ 공사비 성과 지수 (CPI)	❻= ❷/❼ 진도율 (%)	❼ 목표 공사비 (BAC)	❽= (❼−❷)/❺ 잔여 공사비 추정액 (ETC)	❾= ❸+❽ 최종 공사비 추정액 (EAC)	❿= ❼−❾ 최종 공사비 편차 추정액 (VAC)
A단지	40,000	30,000	36,000	0.75	0.83	30%	100,000	84,000	120,000	−20,000
B단지	40,000	52,000	46,000	1.30	1.13	52%	100,000	42,462	88,462	11,538
C단지	40,000	40,000	40,000	1.00	1.00	40%	100,000	60,000	100,000	0
D단지	40,000	40,000	46,000	1.00	0.87	40%	100,000	69,000	115,000	−15,000
E단지	40,000	60,000	48,000	1.50	1.25	60%	100,000	32,000	80,000	20,000
F단지	40,000	44,000	42,000	1.10	1.05	44%	100,000	53,455	95,455	4,545
합계	240,000	266,000	258,000	1.11	1.03	44%	600,000	323,955	581,955	18,045

4) 공정성과지수(SPI)와 공사비성과지수(CPI)

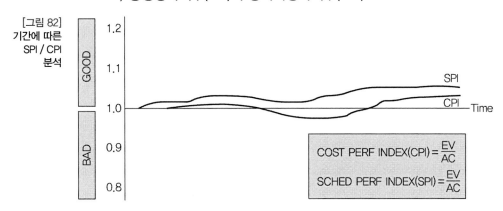

[그림 82]
기간에 따른
SPI / CPI
분석

$$COST\ PERF\ INDEX(CPI) = \frac{EV}{AC}$$

$$SCHED\ PERF\ INDEX(SPI) = \frac{EV}{AC}$$

연습문제_EVMS 실습 문제

1. 프로젝트 예산 금액은 5,000원이다. 현재 10월 1일 기준으로 계획된 공사금액은 1,000원이었으나, 800원을 달성하여 기성금액을 청구하였다. 이때 실제 투입금액은 1,600원이었다. 이와 같은 상황일 때, 다음 값을 구하시오.

① 공정수행지수(Schedule Performance Index : SPI)는?

② 공사비지출지수(Cost Performance Index : CPI)는?

③ 10월 1일부터 프로젝트 종료까지 추정되는 잔여공사비(Estimate To Complete : ETC)는?

④ 프로젝트 종료까지 추정되는 총공사비(Estimate At Completion : EAC)는?

2. 프로젝트 예산 금액은 200,000원이다. 현재 10월 1일 기준으로 계획된 공사금액은 160,000원이었으나, 120,000원을 달성하여 기성금액을 청구하였다. 이때 실제투입금액은 150,000원이었다. 이와 같은 상황일 때, 다음 값을 구하시오.

① 공정수행지수(Schedule Performance Index : SPI)는?

② 공사비지출지수(Cost Performance Index : CPI)는?

③ 10월 1일부터 프로젝트 종료까지 추정되는 잔여공사비(Estimate To Complete : ETC)는?

④ 프로젝트 종료까지 추정되는 총공사비(Estimate At Completion : EAC)는?

3. 프로젝트 예산 금액은 1,000원이다. 현재 10월 1일 기준으로 500원을 달성하여 기성금액을 청구하였다. 이 때 실제투입금액은 600원이었다. 정해진 예산을 넘지 않고 남은 일을 완료해야 한다. 이때 완료성과지수(To Complete Performance Index : TCP)는?

7.4 수정공정표(Updating 네트워크)

7.4.1 공기변경(Duration Change)

각 액티비티의 공사 기간(Duration)은 최초에 산정할 때 경험과 자료를 가지고 최적치를 산출한 것이지만 액티비티의 순서, 생산성, 초 공사 기간의 조정, 기후, 환경 등 여러 가지 요인에 의하여 갱신(Updating)할 때마다 수정되고 재산출될 수 있다. 다만 이것은 공사 기간이 준공 예정일까지면 가능한 것인지 아니면 준공기한을 연장해야 하는지를 고려하여 검토해야 한다.

7.4.2 액티비티 간 관계 변경(Logic Change)

액티비티의 선·후행 및 의존관계가 전체공사가 진척됨에 따라 여러 가지 상황이 변하게 되고 이에 따르는 계획도 수정되어야 한다. 공사 기간의 단축 및 연장, 자원 활용 계획의 변경, 액티비티 수행 순서의 변경과 시공법 도입으로 인한 작업 방법의 변경 등으로 액티비티 간의 의존관계를 변경시켜야 한다.

7.4.3 액티비티의 추가 및 삭제

액티비티의 추가와 삭제는 최초 공정표 작성 시 오류로 인한 삭제가 발생할 수 있고 프로젝트가 진행하면서 설계 변경(Change order), 시공 계획의 변경, 계획의 구체화로 인해 액티비티 분할 등 때문에 발생하는 것으로서 기존의 공정표에 액티비티를 추가하고 삭제하는 것을 말한다.

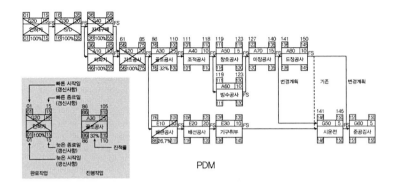

[그림 83]
수정 공정표

7.4.4 준공기한 연장(Time Extension)

전체 프로젝트가 지연된 사유가 여러 가지 변동 요인 중 발주자의 요인으로 인해 지연된 것을 인정할 수가 있고 잔여 액티비티들이 기간과 관계를 절대로 변경할 수 없을 때는 프로젝트 기간을 연장할 수밖에 없다. 이때 계약자는 정확한 지연 사유를 식별하여 이로 인한 영향을 확실히 증명할 수 있는 지연분석보고서 등을 작성하여 발주자에게 공기연장을 신청할 수 있다.

7.4.5 준공기한 준수

프로젝트 지연이 발생했다면 기한 내에 완료할 수 있도록 자원 투입을 증가시키고 공법 등을 변경하고 액티비티 기간을 단축하여 지연된 일수를 줄일 수 있도록 해야 한다.

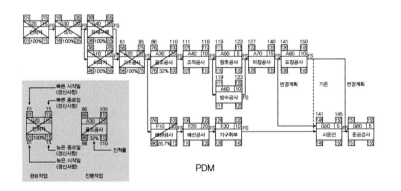

[그림 84]
진정 공정표

7.5 준공공정표(As-Built Schedule)

모든 액티비티가 실제로 진척되는 사항을 공정표상에 단계적으로 갱신(Updating)하는 과정에서 완료 시점에서는 각각의 단위 액티비티들의 실제 착수일(Actual Start), 실제 완료일(Actual finish), 실제작업일(Actual Duration), 실제 작업의 선·후행 관계(Relationships) 등을 상세하게 정리하게 된다.

이러한 자료는 공사의 착공에서부터 준공에 이르기까지의 실제 과정을 단계적으로 보여줄 수 있으며, 또한 기존 계획과의 비교·분석할 수 있는 자료를 추출할 수 있고 각각의 작업들이 어떠한 단계에서 앞설 수 있고 또한 지연될 수 있는가를 보여주기도 한다.

또한 완료공정표는 초기 단계에서 산출된 내용과 실제로 실행되는 내용과의 차이점, 예상치 못했던 상황이 전개되어 액티비티가 지연되는 사례, 전체 액티비티의 원활한 진척을 위하여 일부 단위 작업들의 기한 내 완료를 할 수 있도록 중점관리를 한 사례 등 추후에 유사한 공사 계획을 세울 때 유용한 자료를 활용할 수 있게 된다.

7.5.1 네트워크 다이어그램

다음 그림은 완료된 프로젝트를 네트워크 다이어그램으로 표현한 샘플이다.

[그림 85]
준공 공정표
(네트워크
다이어그램) -
달력 일자

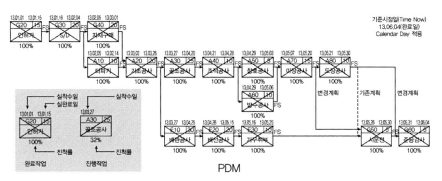

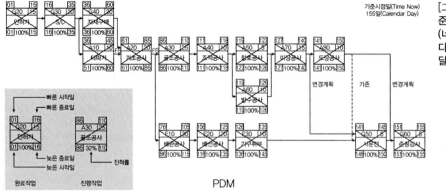

[그림 86]
준공 공정표
(네트워크
다이어그램) –
달력 일수

7.5.2 바차트

다음 그림은 각 액티비티마다 계획된 기간과 착수 및 종료일 값을
계산하여 정리하고 진척에 따른 실적 값을 정리하여 실제 기간과 실
제 착수 및 종료일을 표기한 보고서이다.

Tabulation Report

[그림 87]
Tabulation
Report

Activity ID	Activity Name	Original Duration	Actual Duration	Start	Finish	Early Start	Early Finish	Late Start	Late Finish	Actual Start	Actual Finish
A1000	인허가	15	15	13.01.01	13.01.15	13.06.05	13.06.05	13.06.05	13.06.05	13.01.01	13.01.15
A1010	S/D	20	20	13.01.16	13.02.04	13.06.05	13.06.05	13.06.05	13.06.05	13.01.16	13.02.04
A1020	자재구매	20	25	13.02.05	13.03.01	13.06.05	13.06.05	13.06.05	13.06.05	13.02.05	13.03.01
A1030	터파기	10	10	13.02.05	13.02.14	13.06.05	13.06.05	13.06.05	13.06.05	13.02.05	13.02.14
A1040	기초공사	20	25	13.03.02	13.03.26	13.06.05	13.06.05	13.06.05	13.06.05	13.03.02	13.03.26
A1050	골조공사	25	25	13.03.27	13.04.20	13.06.05	13.06.05	13.06.05	13.06.05	13.03.27	13.04.20
A1060	조적공사	10	10	13.04.21	13.04.30	13.06.05	13.06.05	13.06.05	13.06.05	13.04.21	13.04.30
A1070	창호공사	5	5	13.05.01	13.05.05	13.06.05	13.06.05	13.06.05	13.06.05	13.05.01	13.05.05
A1080	방수공사	10	10	13.05.01	13.05.10	13.06.05	13.06.05	13.06.05	13.06.05	13.05.01	13.05.10
A1090	미장공사	15	15	13.05.11	13.05.25	13.06.05	13.06.05	13.06.05	13.06.05	13.05.11	13.05.25
A1100	도장공사	10	10	13.05.26	13.06.04	13.06.05	13.06.05	13.06.05	13.06.05	13.05.26	13.06.04
A1110	배관공사	30	30	13.03.27	13.04.25	13.06.05	13.06.05	13.06.05	13.06.05	13.03.27	13.04.25
A1120	배선공사	20	20	13.04.26	13.05.15	13.06.05	13.06.05	13.06.05	13.06.05	13.04.26	13.05.15
A1130	기구취부	10	10	13.05.16	13.05.25	13.06.05	13.06.05	13.06.05	13.06.05	13.05.16	13.05.25
A1140	시운전	5	5	13.05.26	13.05.30	13.06.05	13.06.05	13.06.05	13.06.05	13.05.26	13.05.30
A1150	준공검사	5	5	13.05.31	13.06.04	13.06.05	13.06.05	13.06.05	13.06.05	13.05.31	13.06.04

다음 그림은 공정 관리 프로그램을 활용하여 각 액티비티의 계획
및 실적값을 입력하여 바차트로 표현한 것이다.

[그림 88]
준공 공정표
(바차트)

공 사 완 료 공 정 표

공사명 : Sample Project

Start Date : 2013. 01. 01
Finish Date : 2013. 06. 04

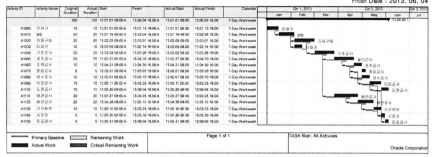

참고문헌

1. 국토교통부, 한국건설기술연구원, 2013 건설공사 표준 품셈, 형제문화사, 2013.

2. 한국씨엠씨, Time Management, 한국씨엠씨, 2013.

3. Jimmie Hinze, Construction Planning and Scheduling 2nd Edition, Pearson Prentice Hall, 2003.

4. Project Management Institute (PMI), A Guide to the Project Management Body of Knowledge (PMBOK® Guide) 5th Edition, 2013.

5. Project Management Institute (PMI), A Guide to the Project Management Body of Knowledge (PMBOK® Guide), 6th Edition, 2018.

6. RS Means, Building Construction Cost Data 66th Annual Edition, RS Means, 2008.

7. RS Means, 2017 Building Construction Costs Book, RSMeans data, Gordian, 2017.

8. Unified Facilites Gude Specification (UFGS), Department of Defense (DoD), U.S.A., 2018.

part II

생산성 관리

손창백

생산성은 생산활동에 대한 효율을 직접적으로 측정할 수 있는 지표로서 기업에서 수행하고 있는 각각의 단일 건설공사의 성공 여부에도 큰 영향을 미치는 요소일 뿐만 아니라, 더 나아가 기업의 경영 효율성을 평가하는 중요한 지표 중의 하나로서 기업의 이윤 증대 및 경쟁력 확보, 장기적인 성장에 영향을 미치는 중요한 요소이다. 또한 생산성은 기업의 생산활동이 얼마나 효율적으로 이루어지는가를 평가하는 지표이다. 보다 작은 노력으로 더 큰 성과를 이루는 것이 기업 이윤 확대의 지름길이기 때문이다. 그렇기 때문에 모든 산업 분야에서 생산성 향상을 위한 많은 연구가 이루어지고 있으며, 업종이나 기업의 특성에 맞는 다각적인 노력이 이루어지고 있다.

건설산업은 다른 산업과는 그 특성이 매우 다르다. 우선 옥외 이동 생산으로 기상조건과 지역적인 환경조건에 따라 작업 능률이 크게 달라질 수 있다. 인력의존도가 높은데다가 다양한 공종이 투입되는 것도 생산성에 큰 영향을 미칠 수 있는 요인이 된다. 이렇듯 건설산업은 생산성에 큰 영향을 미칠 수 있는 요인이 다른 어떤 산업보다 많다. 그러나 생산성 향상을 위한 연구가 그만큼 활발하게 이루어지지는 않고 있는 것이 현실이다.

따라서 건설업에서 생산성 향상의 효율성을 높이기 위해서는, 우선적으로 생산성에 영향을 미치는 요인들을 면밀히 분석하고 이에 기초한 체계적인 계획 및 전략의 수립을 통하여 개선 효과가 큰 특정 분야에 노력과 연구를 집중시켜야 한다. 즉, 생산성을 저하시키고 있는 요인과 향상시킬 수 있는 요인이 무엇인가를 파악하고, 이 중에서 중요도가 높은 것부터 그 방지책 및 개선 방안을 집중 연구하면 효율적으로 생산성을 향상시킬 수 있을 것이다. 요컨대 건설산업의 생산성을 높이기 위해서는 생산성 저하 요인을 분석하여 이들을 제거함과 동시에 생산성 향상 요인을 분석하여 이에 대한 노력을 집중함으로써 생산성의 극대화를 꾀해야 한다.

chapter 01

생산성의 개념 및 측정 방법

1.1 생산성의 개념

건축물을 생산하기 위해서는 생산의 주체가 되는 인력, 생산의 대상이 되는 각종 자재, 생산의 수단이 되는 공구 및 장비가 기본적으로 필요할 뿐만 아니라, 이들 요소를 조달하고 활용하기 위한 자금과 공법도 필요로 하는데, 이 다섯 가지 요소를 건축 생산 요소라 한다. 이들 생산 요소는 상호 복잡한 관계를 가지고 변환 과정을 거치면서 전체가 조합되어 목적을 이루게 된다.

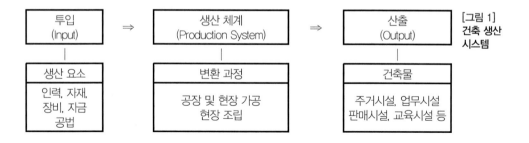

[그림 1]
건축 생산
시스템

이와 같은 건축 생산은 크게 2가지로 품질(Quality)과 생산성(Productivity)의 향상을 지향한다고 할 수 있으며, 생산성은 그것을 생산하기 위한 투입 요소(Input)와 산출물(Output)의 비가 된다.

즉, 생산성이라 함은 건축 생산 요소와 이에 의해 만들어지는 건축물과의 상대적 비율을 말하며, 이러한 기초 개념을 수식으로 표현하면 다음과 같다.

생산성(Productivity)＝산출(Output) / 투입(Input)

상기의 수식은 생산성 분석의 목적에 따라 분자와 분모에 다양한 변수를 대입함으로써, 기업경영 효율이나 현장작업 효율 등을 분석하는 데 이용된다.

생산성 분석의 목적이 기업경영의 효율성을 파악하기 위한 것이라면, 분자에는 부가가치생산액 또는 매출액 등을, 분모에는 기업의 종업원 수를 대입하여 종업원 1인당 부가가치생산액(부가가치생산액 / 종업원 수) 또는 종업원 1인당 매출액(매출액 / 종업원 수) 등을 산출함으로써 현재의 기업경영 능력을 평가할 수 있고, 이는 향후 경영 목표를 수립하기 위한 지표로 이용된다.

이와 달리, 건설현장에서와 같이 생산성 분석의 목적이 작업 효율이나 생산기술의 수준 등을 파악하기 위한 것이라면, 주로 분자에는 공사물량을, 분모에는 작업 투입 인원을 대입하여 작업자 1인당 공사수행물량(공사물량/작업자 수)을 산출함으로써 물적 노동 생산성을 분석할 수 있으며, 이는 향후 작업 기간의 산정이나 작업개선을 위한 기초자료로 활용된다.

1.2 생산성 측정 방법

생산성 분석이란 기업활동의 능률 혹은 업적을 측정하는 것으로 기업경영에서의 자금, 설비, 노동력, 생산과 판매(수주) 등 자원 및 활동에 대한 그 발생 원인과 성과배분의 합리성을 측정하기 위한 것이다. 생산성을 분석하기 위해서는 구체적으로 생산성을 나타내는 측정방법이 필요하다.

① 종업원 1인당 부가가치(노동 생산성)
부가가치액은 노동이나 자본이 투입되어 증대시킨 가치를 말하며, 부가가치의 내용은 법인세 차감 전 순 이익, 인건비, 금융비용, 임차료, 조세공과,

감가상각비 등의 합계액으로 산출된다.

노동 생산성이 높다는 것은 1인당 부가가치 생산액이 높다는 것을 의미하며, 이는 그만큼 노동력이 효율적으로 이용되어 보다 많은 부가가치를 생산했다는 것을 의미한다.

> 종업원 1인당 부가가치＝부가가치액 / 종업원 수
> 노동 생산성＝자본집약도×총자본투자 효율
>   ＝노동장비율×설비투자 효율
>   ＝기계장비율×기계투자 효율

② 종업원 1인당 매출액

종업원 1인당 매출액이란 노동력 단위당 매출액을 말하는 것이며, 종업원 수의 적정 여부를 판단하는 데 이용된다. 즉, 동일 업종 동일 규모의 타 업체와 비교하여 이 금액이 적을 때는 필요 이상으로 많은 종업원을 고용하고 있다는 것을 의미한다.

> 종업원 1인당 매출액＝매출액 / 종업원 수

③ 자본집약도

자본집약도는 종업원 한 사람이 어느 정도의 자본액을 보유하고 있는가를 나타내는 지표로서, 노동장 비율의 보조지표로서 이용된다. 일반적으로 노동집약적인 기업에서는 이 비율이 낮으나 장치산업과 같이 대규모 자본에 의한 근대적 설비를 이용하는 기업에서는 이 비율이 높게 나타난다.

> 자본집약도＝총자본 / 종업원 수

④ 종업원 1인당 완성공사액

종업원 1인당 완성공사액은 건설공사의 종업원 1인당 완성공사액이 얼마나 되는가를 나타내는 지표로서, 이 비율이 높을수록 양호함을 나타낸다.

종업원 1인당 완성공사액＝완성공사액 / 종업원 수

⑤ 총 자본 투자 효율

총 자본 투자 효율은 총 자본에 대한 부가가치액의 비율을 나타내는 지표로서, 기업에 투자된 총자본이 일정 기간에 얼마만큼의 부가가치액을 산출하였는가를 나타낸다. 이 비율이 높다는 것은 총자본이 효과적으로 운용되었다는 것을 의미하며, 노동 생산성도 역시 높게 된다.

총 자본 투자 효율＝(부가가치액 / 총자본)×100

⑥ 부가가치율

부가가치율은 매출액에 대한 부가가치액의 비율로서, 이 비율이 높으면 기업의 이해관계자인 주주, 종업원, 채권자 등에게 배분액이 많아지며 기업의 확대재생산을 가능하게 하는 능력을 갖게 된다.

부가가치율＝(부가가치액 / 매출액)×100

⑦ 설비투자효율

설비투자효율은 기업에서 사용되고 있는 설비자산[1](유형고정자산-건설가계정)이 어느 정도의 부가가치액을 산출하였는가를 나타내는 지표로서, 그

---

1) **유형고정자산** : 기업이 영업활동을 하는 데 장기간에 걸쳐 사용하기 위하여 소유하고 있는 유형의 자산으로, 토지, 건물, 구축물, 기계장치, 선박, 차량운반구, 공기구비품, 건설가계정 등으로 구성되어 있다. 유형자산이라도 일반적으로 1년 이내에 소모될 수 있는 자산은 포함하지 않는다.
건설가계정 : 영업에 사용할 고정자산을 건설할 목적으로 지출한 금액을 일시적으로 기입하는 계정으로, 지출내용은 토지, 건물, 구축물, 기계장치, 운반기구 등을 위하여 지출한 노임, 재료비, 부품 구입비 등이다. 부품대금은 그 부품이 반드시 전부 일시에 사용되는 것이 아니기 때문에 일단 저장품 계정에 처리하고 부품이 출고되면 이 계정으로 대체한다. 건설이 완료되어 준공검사를 필하고 인수하면 이 계정에서 해당 고정자산으로 대체한다. 공사가 미완성되면 결산기가 되어도 감가상각은 하지 않는다.
무형고정자산 : 고정자산 중에서 영업권, 특허권 등과 같이 물리적인 형태가 없는 유형고정자산에 대응하는 무형자산으로, 이것의 가치는 장기적으로 지속하는 기업체의 성패와 밀접한 관계가 있으며 법률상의 특권, 경영자의 특수한 재능, 기술 등에서 생겨나고 초과수익의 원천이 된다. 이러한 무형자산 중에는 이 외에도 지상권, 상표권, 실용신안권, 의장권, 광업권, 어업권, 상호권 등이 있다.

비율이 높을수록 효율적인 이용효과를 나타낸다.

설비투자효율＝{부가가치액 / (유형고정자산－건설가계정)} × 100

⑧ 기계 투자 효율

기계 투자 효율은 기업에서 사용되고 있는 기계장치가 어느 정도의 부가가치액을 산출하였는가를 나타내는 지표로서, 그 비율이 높을수록 효율적이며 설비 투자 효율의 보조비율로서 이용된다. 건설업에서는 기계장치에 중장비를 포함시켜 계산하여야 한다.

기계 투자 효율＝(부가가치액 / 기계장치) × 100

⑨ 노동소득분배율

노동소득분배율은 부가가치액 가운데 인건비가 점하는 비중으로서, 기업이 창조한 부가가치 중에서 얼마만큼 종업원에게 분배하였는가를 나타내는 지표이다.

노동소득분배율＝(인건비 / 부가가치액) × 100

⑩ 노동장비율

노동장비율은 종업원 한사람에 대한 설비자산(유형고정자산－건설가계정)의 비율을 나타내는 지표이다.

노동장비율＝(유형고정자산－건설가계정) / 종업원 수

⑪ 기계장비율

기계장비율은 종업원 한사람에 대한 기계장치의 비율을 나타내는 지표이다.

기계장비율＝기계장치 / 종업원 수

chapter 02

건축공사의 생산성 영향 요인

2.1 생산성 저하 요인

2.1.1 생산성 저하 요인 분류

생산성에 영향을 미치는 요인들은 다양하다. 생산성을 저하시키는 요인들이 있는 반면, 생산성을 향상시키는 요인들도 있다. 본 절에서는 기존 건설 생산성에 관한 참고문헌 및 기존 연구들을 참조하여 주요 생산성 저하 요인들을 분류하여 제시하였다. 우선 5개의 대분류로서, 건설인력 관련 요인, 설계 관리 관련 요인, 공사 관리 관련 요인, 투입 자원 관련 요인, 공사 성격 및 공사 외적 요인으로 분류하였다. 그리고 이들에 대한 세부 요인으로 16개 항목을 제시하였다.

[표 1] 생산성 저하의 주요 요인

요인 대분류	세부 요인
건설인력 관련 요인	건설인력 수급 부족
	작업자의 책임감 부족(불성실)
	작업자의 기능(숙련도) 부족
	작업자의 동기부여 부족
설계 관리 관련 요인	설계도서 미흡(미완성, 부족)
	시공성을 무시한 설계
공사 관리 관련 요인	불합리한 공법 선택
	작업 간 순서 계획 잘못
	작업 일정 계획 잘못
	작업지시 및 승인 지연
	의사소통 미흡
투입 자원 관련 요인	자재 조달 지연
	장비 조달 지연
공사 성격 및 공사 외적 요인	현장의 불리한 입지조건
	소음, 분진, 진동 등 열악한 작업환경
	민원 발생

2.1.2 생산성 저하 요인의 발생 빈도 및 영향도

생산성 저하 요인 대분류에 대한 발생 빈도 및 영향도를 비교·분석하여 표 2에 나타내었다. '건설인력 관련 요인'이 발생 빈도와 영향도에서 모두 가장 높은 값을 나타내고 있다. 이는 인력의존도가 높은 건설업 고유의 특성이 반영된 것으로, 최근에 건설경기가 활성화됨에 따라 3D 업종 기피 현상 등에 의한 인력난이 심각한 수준임을 나타내고 있다. '공사 성격 및 공사 외적 관련 요인'은 발생 빈도 측면에서 비교적 높은 값을 보이고 있다. 이는 대부분의 건설현장이 도심지에 입지함에 따라 현장의 여유 부지가 적어 작업성이 나쁘고 또한 최근 각종 민원의 발생이 급증하고 있기 때문으로, 공사의 원활한 진척에 많은 어려움을 주어 공기 지연 등 생산성을 저하시키고 있다. '설계 관리 관련 요인'은 영향도 측면에서 높은 값을 보이고 있다. 이는 과거부터 많이 지적되어온 문제점인 설계도서의 불충분과 시공성 결여 때문으로, 이 역시 작업의 순조로운 진행에 지장을 초래하여 공기 지연 등 생산성 저하를 유발하고 있다. '공사 관리 관련 요인'과 '투입 자원 관련 요인'은 다른 대분류 요인에 비해 발생 빈도 및 영향도 측면 모두에서 낮은 값을 보이고 있다.

[표 2] 대분류 생산성 저하 요인의 발생 빈도 및 영향도

요인 분류	발생빈도	영향도				평균 평가치
		공기	품질	비용	평균	
건설인력 관련 요인	5.50	5.52	5.67	5.25	5.48	30.14
설계 관리 관련 요인	4.69	5.08	4.97	4.98	5.01	23.50
공사 관리 관련 요인	4.19	4.63	4.46	4.43	4.50	18.86
투입 자원 관련 요인	4.00	4.56	4.00	4.10	4.22	16.88
공사 성격 / 공사 외적 관련 요인	4.85	5.01	4.53	4.92	4.82	23.38
평균	4.65	4.96	4.73	4.74	4.81	22.55

주) * 적용 척도 : Likert scale 7점 척도
  * 발생 빈도 : (1점 : 매우 드물다, 4점 : 보통이다, 7점 : 매우 빈번하다)
  * 영향도 : (1점 : 매우 작다, 4점 : 보통이다, 7점 : 매우 크다)

생산성 향상을 효율적으로 달성하기 위해서는 우선적으로 생산성을 저하시키고 있는 요인들 중에서 중요도가 높은 것부터 그 방지책 및 개선 방안을 수립하면 효과적일 것이다. 이러한 개념을 고려할 때, 표 2에서 알 수 있듯이 생산성 향상을 위해 1단계로 개선해야 할 요인은 '건설인력 관련 요인'이고, 2단계로는 '설계 관리 관련 요인'과 '공사 성격 및 공사 외적 관련 요인'이며, 3단계로는 '공사 관리 관련 요인'과 '투입 자원 관련 요인'임을 알 수 있다.

2.1.3 생산성 저하 요인에 대한 대책

건설인력 관련 요인에 대한 주요 대책을 보면, 공사발주물량 조절, 기능인력 양성 및 공급 확대, 인력절감형 공법 개발, 경력관리제도 도입, 작업자에 대한 복리후생 향상 등이 필요하다는 의견이 많았고, 인력 수요에 미치지 못하는 공급 여건을 개선하기 위한 외국인 근로자의 합법적 고용을 제시한 의견도 있었다.

설계 관리 관련 요인의 주요 대책으로는 설계표준화와 시공경험자의 설계 참여 및 시공자와의 협조체제 확립을 제시한 의견이 많았고, 베끼기식 설계도서의 근절을 제시한 의견도 있었다.

공사 관리 관련 요인의 주요 대책으로는 결재라인이나 지휘계통 간소화, 현장의 의사 결정권 확대, 세분화된 유사공종의 통합 관리, 공사 계획의 사전 검토 철저, 충분히 검증된 공법 선택 등을 제시한 의견이 많았다.

투입 자원, 특히 자재에 대해서는 면밀한 자재 투입 계획 수립과 조달 업체의 생산 능력 파악, 수입 및 특수자재 집중 관리 등의 의견을 제시하였고, 장비에 대해서는 철저한 장비 소요 계획 수립을 제시하였다.

그 외에, 도심지 공사가 많아지면서 입지조건이 불리해짐에 따라 합리적인 현장 배치 계획의 수립이 절실하며, 민원은 예상 요인을 사전 검토하여 예방하고, 공법 선택 시 소음·진동·분진 등 작업환경을 반드시 고려해야 한다는 의견이 제시되었다.

[표 3] 생산성 저하 요인에 대한 대책

세부 요인	대책
건설인력 수급	• 외국인 근로자 고용의 합법화 • 자원평준화에 의한 고용안정 도모 • 발주물량 조절 등 건설정책에 의한 인력 수요 조절 • 기능인력 양성기관에 의한 인력 공급 확대 • 인력 절감형 설계 및 공법 개발 • 공기·공사비 현실화
작업자 책임감	• 책임 소재 규명에 의한 상벌제도 도입 • 현장의 정기 품질교육 시행 • 인력의 공급 확대로 고용시장의 경쟁여건 조성
작업자 기능	• 경력관리제도 도입 • 숙련공이 필요 없는 대체 공법 개발 • 숙련공을 선별하여 투입
작업자 동기 부여	• 능력에 따른 임금 지급 • 복리후생 향상 • 정기적인 교육 시행
설계도서 미흡	• 설계VE 활성화 • 턴키도급·EC화 활성화 • 표준화 • 베끼기식 설계도서 작성 근절
설계의 시공성 부족	• 시공자와의 긴밀한 협조체제 확립 • 시공경험 소유의 전문인력의 설계 참여·검토
작업 지시, 승인 지연	• 지휘계통 체계화(결제라인 간소화) • 현장의 의사 결정권 확대 • 명확한 지시(상세도 첨부 등) • 선구두 지시, 후문서 전달로 기간 단축 • 상시 공정 상황 파악에 의한 지시, 승인 신속화
일정 계획 잘못	• 시공 계획 철저 • 공사 수행 시 공정 계획 준수
의사소통 미흡	• 공종세분화 지양 및 유사공종 통합 관리 • 정기적이고 체계적인 회의
순서 계획 잘못	• 공사 수행 시 공정 계획 준수 • 사전 검토 철저
불합리한 공법	• 충분히 검증된 공법 선택 • 경험자의 사전 검토 철저
자재 조달 지연	• 조달업체의 재고, 생산능력 파악 • 수입자재, 특수자재, 품귀자재 조달 관리 철저 • 정기(년, 월, 주)자재투입 계획 수립 및 관리 철저
장비 조달 지연	• 정기(년, 월, 주)장비소요 계획 수립 및 관리 철저 • 사전확인 철저 • 우수협력업체 발굴
불리한 입지조건	• 입지조건에 부합되는 공법 선택 또는 개발 • 합리적인 동선 계획 및 현장 배치 계획 • 자재 투입 시기 조절
민원 발생	• 민원 발생 예상요인 사전 검토로 예방이 최선 • 착공 후 환경개선에 대한 홍보·설명회 개최 • 소음, 진동, 분진 발생 억제 • 작업시간대 조절
열악한 작업환경	• 공법 선택 시 작업환경에 대한 고려 • 작업환경 개선방안의 수립시행 • 세륜 설비, 무진동, 무소음 공법

2.2 생산성 향상 요인

2.2.1 생산성 향상 요인 분류

생산성 저하 요인에서 기술한 바와 같이, 생산성에 영향을 미치는 요인들은 다양하다. 본 절에서는 기존 건설 생산성에 관한 참고문헌 및 기존 연구들을 참조하여 주요 생산성 향상 요인들을 분류하여 제시하였다. 우선 대분류는 저하 요인과의 비교·분석을 위해, 저하 요인 분류와 같이 건설인력 관련 요인, 설계 관리 관련 요인, 공사 관리 관련 요인, 투입 자원 관련 요인, 공사 성격 및 공사 외적 요인으로 5개로 대분류하였다. 그리고 이들에 대한 세부요인은 17개 항목을 제시하였다.

[표 4] 생산성 향상의 주요 요인

요인 대분류	세부 요인
건설인력 관련 요인	원활한 인력 수급체계 구축
	관리자의 자질 및 위기 관리 능력 향상
	숙련공 투입
	근로복지 프로그램 운용
설계 관리 관련 요인	시공성을 고려한 설계
	정확하고 완성도 높은 설계도서
	전문 설계요원 양성
공사 관리 관련 요인	합리적인 작업순서 계획
	합리적인 작업일정(작업 기간) 계획
	정확하고 신속한 작업지시 및 승인
	효율적인 작업조 편성
	합리적인 현장 배치
투입 자원 관련 요인	원활한 자재 조달체계 구축
	원활한 장비 조달체계 구축
	투입 자원의 효율적인 배분
공사 성격 / 공사 외적 요인	현장작업환경 개선
	건설현장작업에 대한 각종 규제의 현실화

2.2.2 생산성 향상 요인의 적용성

생산성 향상 요인 대분류에 대한 적용 용이성 및 적용 효과를 비교·분석하여 표 5에 나타내었다.

[표 5] 대분류 생산성 향상 요인의 적용 용이성 및 적용 효과

요인 분류	적용의 용이성	적용 효과				평균 평가치
		공기	품질	비용	평균	
건설인력 관련 요인	3.65	5.17	5.24	4.93	5.11	18.65
설계 관리 관련 요인	3.97	5.06	5.03	5.01	5.03	19.97
공사 관리 관련 요인	4.38	5.57	5.23	4.98	5.26	23.04
투입 자원 관련 요인	4.21	5.28	4.97	5.08	5.11	21.51
공사 성격 및 공사 외적 요인	3.59	4.55	4.50	4.56	4.54	16.30
평균	3.96	5.13	4.99	4.91	5.01	19.84

주) * 적용 척도 : Likert scale 7점 척도
  * 용이성 : (1점 : 매우 어렵다, 4점 : 보통이다, 7점 : 매우 쉽다)
  * 적용 효과 : (1점 : 매우 작다, 4점 : 보통이다, 7점 : 매우 크다)

'공사 관리 관련 요인'과 '투입 자원 관련 요인'은 적용의 용이성 및 적용 효과에서 높은 값을 나타내고 있다. 이는 시공현장의 현장 관리자들에 의한 작업순서 계획과 신속한 작업지시 및 승인, 자재 및 장비의 적기적소 투입 등이 향상 효과에 큰 영향을 주기 때문이라 판단된다.

'설계 관리 관련 요인'도 적용의 용이성 및 적용 효과에서 평균값을 웃도는 것으로 나타났다. 이는 시공성을 고려한 설계로 설계 변경이 최소화된다면 공기단축 및 공사비 절감 효과를 볼 수 있다고 평가하기 때문이라 판단된다.

'건설인력 관련 요인'은 적용 효과는 큰 반면 적용의 용이성은 상대적으로 낮은 값을 나타내고 있다. 이는 인력의존도가 높은 건설업의 특성이 반영된 것으로 최근 청년층에게 3D 업종으로 인식된 건설업 기피현상과 함께 일용직 근로자들의 노령화로 인한 숙련공의 부족

등이 복합적으로 작용하여 건설인력의 수급이 심각하다는 것을 보여주고 있다. 건설현장 인력의 원활한 수급체계를 구축한다면 공기·품질·비용 측면에서 생산성 향상에 큰 효과를 가져올 것으로 사료된다.

'공사 성격 및 공사 외적 요인'은 적용의 용이성과 향상 효과 모두 평균에 미치지 못하고 있다. 이는 법적 규제를 담당하는 곳이 시공업체가 아니며 규제 완화도 현실적으로 어렵기 때문이라 판단된다. 그러나 이 요인도 공사의 생산성 향상에 영향을 미치고 있다는 것은 분명하다.

2.2.3 생산성 향상을 위한 실천 방안

건설인력 관련 요인에 대한 주요 방안을 보면, 체계적인 인력관리 시스템 구축, 공사의 진행사항 수시 체크 및 자기계발을 위한 노력, 체계적인 교육을 위한 전문교육기관 도입, 근로자 위주의 실행 가능한 복지 프로그램 운용 등이 필요하다는 의견이 많았다. 또한 고령화된 건설인력을 보완하기 위해서는 젊은 층의 인식전환 환경이 조성되어야 하고, 상호 간의 정보공유 및 정기적인 교육 실시로 생산성 향상을 도모하자는 의견도 많았다.

설계 관리 관련 요인에서는 도면 작성 시 설계도면의 시공 가능 여부 확인, 시공경험자에 의한 설계도서 작성, 일정 기간 설계요원의 현장 체험 등이 필요하다는 의견이 많았다. 전체적으로 보면, 시공과 설계의 상호 교류 및 협조 체계가 갖춰져야 생산성을 향상시킬 수 있다는 것을 알 수 있다.

공사 관리 관련 요인에서는 합리적인 작업순서 및 일정 계획을 위하여 여러 요인들을 고려한 공기 산정, 주기적인 회의 실시 등이 제시되었고, 투입 자원 관련 요인에서는 협력업체 체계 구축, 조기 가설 계획의 정확한 수립, 자원 투입 부분에 대한 사전 검토 필수 등의 의견이 많이 제시되었다.

공사 성격 및 공사 외적 요인에서는 현장 작업환경 개선을 위한 쾌적한 환경 조성, 작업 전후 현장 정리정돈, 완벽한 안전시설 구축, 작업의 흐름을 방해하는 각종 규제를 건설현장 상황에 맞게 완화하자는 의견도 제시되었다.

[표 6] 생산성 향상 요인별 실천 방안

세부 요인	실천 방안
원활한 인력수급체계 구축	하도급 체제를 직영체제로 전환
	3D 업종에 대한 젊은 층의 인식 전환 환경조성
	체계적인 인력관리 시스템 구축
	물가상승률에 따른 인건비의 현실화
	외국인 근로자의 활용
관리자의 자질 및 위기 관리 능력 향상	공사의 진행사항 수시체크 및 자기계발을 위한 노력
	기 시공된 하자 부분에 대한 원인 파악 및 교육 실시
	정기적인 품질 및 신기술·신공법 교육 실시
	상호간 축적된 노하우에 대한 정보 공유
숙련공 투입	팀별 작업 및 책임감 부여
	체계적인 교육을 위한 전문교육기관 설립
	각 공종별 기능공 확보
근로복지 프로그램 운용	근로자 위주의 실행 가능한 복지 프로그램 운용
	국내 건설현장에 대한 근로복지 프로그램의 제도화
시공성을 고려한 설계	도면 작성 시 설계도면의 시공 가능 여부 확인
	시공경험이 축적된 전문인력의 설계 참여
정확하고 완성도 높은 설계도서	시공경험자에 의한 설계도서 작성
	설계도면 검토기일을 여유 있게 함
전문 설계요원 양성	시공경력을 설계경력으로 인정
	일정 기간 설계요원의 현장 체험
합리적인 작업일정 계획	공기의 적정일수 부여
	여러 요인들을 고려한 공기 산정
합리적인 작업순서 계획	현장 내 공사의 특성 및 중요사항 체크
	일일, 주간, 월간 공정표 작성
정확하고 신속한 작업 지시 및 승인	상호 간 대화 및 타협에 의한 합의점 도출
	체계적이고 단순한 의사 전달 체계 구축
	주기적인 회의 실시
효율적인 작업조 편성	근로자의 성격 및 특성을 고려하여 작업조 편성
	직영 인력의 정예화

[표 6] 생산성 향상 요인별 실천 방안(계속)

세부 요인	실천 방안
합리적인 현장 배치	융통성 있는 배치 계획 수립
	공정 상태에 따른 인원 투입 분석
원활한 자재 조달 체계 구축	사전에 자재 승인 후 자재 반입
	협력업체 체계 구축
	자재 입출고 계획 수립
원활한 장비 조달 체계 구축	초기 가설 계획의 정확한 수립
	장기적인 계약 체계 확립
	사전 계획에 따른 신속한 연락망 구축
투입 자원의 효율적인 배분	관리자의 능력 배양
	자원 투입 부분에 대한 사전 검토 필수
현장작업환경 개선	작업 전후 현장 정리 철저
	완벽한 안전시설 구축
	쾌적한 작업환경 조성
각종 규제의 현실화	중복되는 규제의 통일 및 축소
	건설현장 상황에 맞는 규제 완화

2.3 생산성 영향 요인 종합 분석

생산성 저하 요인의 발생 빈도 및 영향도와 생산성 향상 방안 제시의 용이성 및 향상 효과를 통하여 분석된 내용을 그림 2와 같이 나타내어 비교·분석하였다.

'공사 관리 관련 요인'과 '투입 자원 관련 요인'을 보면 생산성 저하 요인에서는 영향도가 가장 작게 나타나고 있지만, 향상 요인 측면에서는 향상 효과가 가장 크게 나타나고 있음을 알 수 있다. '건설인력 관련 요인'을 보면 생산성 저하 요인에서는 건설업 특성상 인력의존도가 큰 만큼 생산성에 미치는 영향도가 가장 큰 것으로 나타났지만, 생산성 향상 요인에서는 향상 효과가 가장 작은 것으로 나타났다.

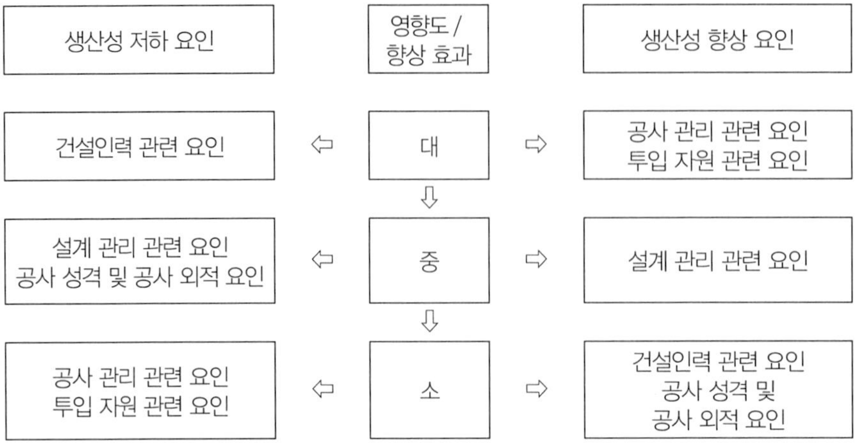

[그림 2]
각 생산성
영향 요인의
관계

생산성 저하 요인	영향도 / 향상 효과	생산성 향상 요인
건설인력 관련 요인	⇐ 대 ⇒	공사 관리 관련 요인 투입 자원 관련 요인
설계 관리 관련 요인 공사 성격 및 공사 외적 요인	⇐ 중 ⇒	설계 관리 관련 요인
공사 관리 관련 요인 투입 자원 관련 요인	⇐ 소 ⇒	건설인력 관련 요인 공사 성격 및 공사 외적 요인

다음 결과에서 상기한 세 가지 요인은 저하 요인과 향상 요인에서 영향도 및 향상 효과가 정반대의 결과가 나왔지만, '설계 관리 관련 요인'과 '공사 성격 및 공사 외적 요인'은 저하 요인과 향상 요인에서 영향도 및 향상효과가 동일하거나 거의 변화가 없음을 볼 수 있다.

'설계 관리 관련 요인'의 경우, 이는 현장 관리자 자신들이 직접 관여하지 않는 것이지만 공사현장에서 설계도서 및 시방서 등은 공사 진행 시 기술적 부분으로서 작용하여 영향을 미치는 것으로 평가하기 때문이라 판단되며, '공사 성격 및 공사 외적 요인'의 경우는 현장 관리자들이 직접적으로 관여할 수 없는 제도적 부분이기 때문에 방안 제시에 어려움이 있다.

이렇게 저하 요인과 향상 요인을 조합하여 비교·분석한 결과 그림 2와 같은 형태의 요인들에 대해 5개의 대분류 요인들 중 어느 것 하나 중요하지 않은 것이 없음을 알 수 있다. 그러므로 이 형태의 요인들을 균형 있게 발전시킨다면 보다 더 생산성 향상을 극대화시킬 수 있을 것으로 사료된다.

chapter 03

건축공사의 생산성 향상을 위한 관리요점

건축공사의 주요 세부공종에 대한 시공상 주의사항 및 관리요점은 외국문헌[2]을 참조하여 간략히 제시하였다. 이 내용들은 건설현장의 시공계획 수립 및 공사 관리 활동에서 고려해야 할 기본적인 사항들로서, 건축공사의 생산성 향상을 위해서는 필수적인 관리항목들이다.

3.1 준비 및 가설공사

3.1.1 준비공사

준비공사란 일반적으로 공사를 수행하는 데 미리 실시해두어야 할 준비업무 및 준비적인 제공사, 관계관청으로의 신고 및 허가, 각종 조사 등을 말한다. 예를 들면, 이웃의 양해 없이 공사를 진행하게 되면 지역주민과의 불화가 생겨 공사 진행에 지장을 초래하게 되고, 관계관청으로의 신고나 허가를 소홀히 하면 법 규제를 무시하여 위법공사가 된다. 또한 공사에 앞서 행하는 부지측량이 부정확하면 공사의 시공을 정확하게 할 수 없는 혼란을 야기하게 되며, 지반조사도 대충하면 공사 실시 단계에서 사고가 생기거나 때로는 부동침하를 일으켜 이로 인해 발생하는 공사상의 책임을 지게 된다.

준비공사의 범위를 정확히 규정지을 수는 없지만 대체적으로 준비기간 동안에 수행해야 할 업무를 열거하면 다음과 같다.

---

2) 田村 恭 編著, 建築施工法 - 工事計劃と管理 - , 丸善株式會社, 1987.

- 부지 조사

- 부지 측량

- 지반 조사

- 인근 지역주민과의 절충

- 부지 내 및 인접지의 건물 조사 및 사진 촬영

- 관계관청으로의 신고 및 허가

- 부지 내 및 주변 매설물의 처리

- 법적 규제사항의 검토

3.1.2 가설공사

가설공사란 공사를 원활하게 수행하기 위해서 필요한 시공용 가설 재료나 설비를 공사현장에서 조립, 설치하고 공사 완료 후에는 이것을 해체, 철거하는 공사이다. 가설설비에는 가설울타리, 가설건물, 동력·용수설비, 안전설비 등과 같이 전체 공사를 통하여 공통으로 사용되는 공통가설설비와 비계, 양중설비, 흙막이 등과 같이 공사의 수행에 직접 필요한 직접가설설비가 있다. 최근에는 시공기술이 진보함에 따라 비계가 필요 없는 시공법을 개발하여 가설설비를 현장에서 설치하는 것을 최대한으로 줄이고자 하는 경향이 뚜렷해지고 있다.

3.2 지정·기초공사

지정과 기초는 상부구조를 안전하게 지지하는 것으로, 이 지정·기초공사는 건축공사의 출발점이며 건축공사 전체를 통하여 건축물의 품질을 보증하는 데 가장 중요한 부분공사라 할 수 있다.

지정·기초공사에 요구되는 조건을 요약하면 다음과 같다.

- 건물의 어떤 하중에 대해서도 안전하게 지지할 수 있어야 한다.
- 만약 침하가 생겨도 그 건물이 갖추어야 할 기능이 손상되지 않는 허용치 이하이어야 한다.
- 반영구적이며 기초구조 자체의 강도가 충분하고 변형이 적어야 한다.
- 시공상의 문제가 적고, 인접구조에 악영향을 주지 않으며, 추후 인접지에 서의 기초공사 시에 나쁜 영향도 쉽게 받지 않아야 한다.
- 경제적이고 공기가 짧아야 한다.

3.3 구조체공사

3.3.1 거푸집공사

거푸집공사비는 구조체공사비의 25~30%로 철근과 콘크리트공사비와 거의 비슷한 비율이다. 또한 구조체공사에 투입되는 노무량의 비율은 거푸집공사가 약 60% 정도로, 철근공사 약 30%, 콘크리트공사 약 10%에 비해 훨씬 높은 비율을 차지하고 있어 거푸집공사에 있어서 노무의 효율적인 운용은 공정이나 경제성에 큰 영향을 미친다. 거푸집공사는 타설한 콘크리트의 형태와 표면을 형성시켜주는 데 있으므로, 그 기능을 달성할 수 없는 경우에는 다음과 같은 문제점이 발생한다.

- 구조상 필요한 단면이나 마감의 바탕으로서 필요한 면과 위치를 확보할 수 없다.
- 창문 등의 개구부 및 설비 관련 매립물 등의 위치를 확보할 수 없다.
- 할석작업, 충진작업, 매립물의 위치 보정, 마감칠의 두께 증대 등 추가 또는 재작업이 필요하게 된다.

이상과 같이 거푸집공사는 건물의 구조내력, 마감 및 설비공사 등의 품질에 직접적으로 관련이 있으며, 다음과 같은 조건을 만족시킬 필요가 있다.

- 강도 : 거푸집에는 콘크리트 타설 시의 고정하중, 작업하중, 콘크리트 측압에 대해서 도괴를 방지하고 일정한 기준 이상의 변형이 생기지 않는 구조로 해야 한다.
- 정확도 : 거푸집은 콘크리트를 부어넣어 만드는 주형이므로 경화한 콘크리트가 미리 계획한 대로의 정확한 치수이어야 한다. 따라서 거푸집이 허용오차 범위 내에서 조립되며 지보공에 의해서 타설 후의 이동이나 변형이 생기지 않도록 유지하는 강성을 갖고 있어야 한다.
- 표면 : 경화한 콘크리트가 그대로 마감면이 되는 제물치장면과 미장면의 바탕면이 되는 경우에는 요구조건이 달라지지만 공통된 요구조건은 밀실하고 기포나 곰보가 생기지 않도록 해야 한다.
- 작업성 : 공사를 능률적으로 진행시키기 위해서 거푸집은 가공이 용이하고 조립·해체가 쉬운 것이어야 하며, 거푸집공사는 인력에 의존하는 비중이 크므로 작업성이 좋으면 경제적인 면에 큰 도움이 된다.

이상과 같은 조건이 반드시 갖추어져야 할 이유는 마감공사를 포함하여 공사 전체의 품질, 정확도, 공정, 경제성에 대해 거푸집공사가 직접적으로 큰 영향을 미치기 때문이다.

3.3.2 철근공사

철근공사에서 철근은 부재에 발생하는 인장응력과 전단응력에 저항하며, 콘크리트는 압축응력에 저항함과 동시에 철근의 녹 발생 및 내화상의 결점을 보완하는 기능을 가지고 있다.

철근과 콘크리트는 그 경계면의 부착력에 의해 응력을 전달하므로 철근주변의 콘크리트는 밀실하게 충진해야 한다. 철근은 거푸집 내부에 정확한 위치, 철근상호 간격, 피복두께의 확보가 중요하며, 콘크리트 타설 시의 하중이나 충격에 의해 그 위치가 이동하거나 결함이 발생하지 않도록 견고하게 고정시켜야 한다.

철근의 조립에서는 각 부위의 접합부 주변은 상당히 과밀 배근이 되는 경우가 많으므로 배근순서를 충분히 검토하여야 하며, 특히 기둥의 띠철근과 보의 늑근은 정확한 위치에 배치할 수 있도록 한다.

철근공사에서 콘크리트 타설 전 철근조립에 대한 사전 점검 시 특히 주의해야 할 사항은 다음과 같다.

- 철근의 이음 위치
- 철근의 정착 길이
- 철근의 상호 간격
- 철근의 피복 두께

3.3.3 콘크리트공사

건축물에 요구되는 최종적인 품질, 즉 콘크리트의 강도, 강성, 내구성, 수밀성 등을 만족시키면서 가능한 한 균질의 콘크리트를 확실하게 그리고 경제적으로 시공하는 것이 이 공사의 목표이다.

콘크리트공사는 거푸집공사 및 철근공사와 밀접한 관련이 있다. 보통 구조체공사는 철근공사 → 거푸집공사 → 콘크리트공사 순으로 진행되는데, 각 공사 간의 상호공정의 조정은 전체적인 공정 관리상 상당히 중요한 요점이다. 또한 품질면에서도 거푸집의 변형과 구조체의 정밀도, 배근의 정확도, 피복 두께, 콘크리트 타설을 쉽도록 한 단면배근, 구조체를 손상시키지 않는 지보공의 철거 등 각 구조체공사와 밀접한 관련이 있다.

콘크리트 타설 전에 준비해두어야 할 작업에는 다음과 같은 것들이 있으며, 철저한 준비를 기하면 돌발적인 사태에 즉시 대응할 수 있다.

- 타설 구획과 타설 순서의 결정
- 레미콘 조달
- 거푸집, 지보공, 배근, 매설물의 검사
- 타설에 사용하는 기계·기기류의 조달
- 급수·배수, 전원의 준비
- 작업인원의 조달 및 배치
- 마감, 양생의 준비
- 현장기술자의 업무 분담
- 기후의 예측과 대책
- 거푸집 내의 청소

3.4 마감공사

3.4.1 조적공사

조적공사는 넓은 실내면적을 용도에 따라 실별로 나누기 위한 경계벽, 즉 내부 간막이벽체를 설치하는 공사로서, 차음성능 및 내화성능이 요구된다.

조적공사에는 주로 시멘트벽돌이 사용되나 최근에는 ALC(Autoclaved Lihgtweight Concrete) 블록을 사용하는 경우도 있다.

조적공사의 착수 전에 다음과 같은 사항을 명확히 확인해두어야 공사 진행을 차질 없이 수행할 수 있다.

- 창호 및 문틀 설치 위치 확인

- 창호 설치에 따른 마감관계 확인
- 전기배선 및 콘센트의 위치 확인
- 급수관 및 난방관의 위치 확인
- 매설철물의 규격 및 위치 확인
- 홈벽돌 사용 위치 확인

3.4.2 미장공사

미장공사는 콘크리트공사 및 조적공사의 후속공정으로 이들 공사에서 다소 간의 결함을 보완하면서 마무리작업을 하는 공사이다.

시공상 주의해야 할 사항은 다음과 같다.

- 초벌바름에 앞서 콘크리트 바탕면이 부실한 곳은 보수하고, 모르터의 부착이 잘 되도록 시멘트풀을 발라 둔다.
- 모르터를 바르는 바탕면은 물축임을 한다.
- 재료는 양질의 것을 사용하고 배합을 정확히 한다.
- 초벌바름 면은 긁어서 거칠게 해둔다.
- 바름두께는 고르게 한다.

3.4.3 지붕·방수공사

지붕공사나 옥상방수공사는 강우나 강풍에 의해 시공일이 제한된다. 또 지붕·방수공사를 완료하지 않으면 우수 때문에 내부 마감공사를 수행할 수 없다. 이와 같이 지붕·방수공사는 전체 공기에 큰 영향을 미친다.

지붕·방수공사는 시공순서나 바탕의 상태가 비막음에 영향을 미치므로 준비작업이나 시공 중에 중간검사를 확실하게 실시한다.

지붕공사의 공사 계획에서는 지붕의 형상 및 구배, 요구되는 외관, 지붕에 요구되는 성능, 건물의 입지조건 및 환경조건 등을 잘 검토하여야 한다. 비보행 지붕의 경우에는 방수층위에 보호도료를 도포하여 마감하지만, 보행용 지붕의 경우에는 누름 콘크리트를 타설하여 방수층을 보호한다. 누름 콘크리트는 우수가 고이지 않도록 적정한 구배를 유지시켜야 한다.

방수공사의 공사 계획에서는 방수하는 부위, 배수 계획, 방수층의 보호, 시공하는 부위의 형상, 유지 관리 등을 면밀하게 검토하여야 한다.

방수공사 시 콘크리트바탕은 충분하게 건조시키지 않으면 바탕에 함유된 수분의 증발에 의해 방수층이 들뜨거나 접착불량의 원인이 되므로 주의하여야 한다.

3.4.4 창호·유리공사

창호는 강제, 알루미늄합금제가 많이 사용된다. 알루미늄합금은 가공성이 좋고, 설계의 다양성에 대응하기 쉽다. 창호는 개폐 등을 위한 가동부분을 가지고 있고 이것들은 파손되기 쉬우므로 설치 시에는 내구성을 향상시킬 수 있도록 주의하여 시공해야 한다. 창호공사는 벽, 바닥 등의 마감공사에 앞서 시공되는 것으로 후속 마감공사의 기준이 되므로 마감면에 대해서 정확하게 설치해야 한다. 정확한 위치에 시공하지 않으면 마감공사의 진행에 따라서 설치 결함이 나타나 마감을 제거하고 재설치해야 하는 경우가 발생한다. 이와 같은 수정작업은 비경제적일 뿐만 아니라 공정 지연에 큰 영향을 미친다. 공정 계획의 작성에서는 전체 공정과의 관련을 파악하여 창호공사에 요구되는 공기, 전공정과 후공정이 되는 공사와의 관련성을 상세하게 분석하여 작업면에서 정합성을 도모해야 한다. 유리는 개구부재로서 채광이나 외기의 차단 외에 투시, 차폐, 어지러움 방지, 방음, 단열, 장식 등 여러 가지 기능으로 사용되고 있다. 이와 같이 사용 목적에 따라 선택되는 유리의 종류가 달라진다. 모든 유리는 설치 후 준공까지 흠집이나 파손방지를 위해 다른 작업자에게 주의를 환기시킬 수 있는 종이를 붙여두어야 한다. 또한 다른 공사에 의해 더러워지는 것을 방지하기 위한 조치가 필요하며, 특히 근처에서 용접작업을 하는 경우에는 얇은 강판이나 합판으로 보양한다.

3.4.5 도장공사

도장공사는 물체의 표면에 도료를 균일하게 도포하여 그 물체의 보호 및 미관의 향상을 도모함과 동시에 그 부위에 요구되는 특수한 기능이나 성능, 즉 금속의 부식 방지, 충해의 방지, 재료의 내후성 확보, 방수효과 등을 발휘하도록 하는 공사이다. 건축도장의 대상이 되는 도장면은 종류도 많고 부위에서 요구되는 품질 또한 다양하여 도장공사에 요구되는 조건이 달라진다. 도장을 하는 목적이 자칫 외관에만 치우치는 경향이 있는데 이러한 조건에 대응할 수 있는 적절한 조치가 필요하다. 물체의 표면에 도료만을 막연히 도포해서는 그 성능을 충분히 발휘할 수 없으므로 도료는 바탕에 견고하게 부착하여 처짐이나 변형에 견딜 수 있고 기대한 수준의 색조나 광택이 있는 도막면을 형성해야 한다. 이를 위해서는 물체 표면의 바탕 조정을 비롯하여 도료의 성질에 적합한 공법으로 도포하고 하나의 막 두께를 몇 회의 공정으로 나누어 칠하여 소정의 마감면을 얻기까지의 각 단계 및 공정의 계획이 필요하다. 도장공사에 있어 공사 계획의 수립 시에는 설계도서를 검토하여 설계자로부터 도장의 목적이나 설계의도를 듣고 시공할 부위의 종류 및 조건, 관련된 공사와의 관계를 조사하여 도장조건을 명확하게 파악한 후 다음과 같은 사항에 대하여 계획을 세운다.

- 도료의 선정, 그 성질이나 특징을 확인한다.
- 도장공정을 결정하고, 사용하는 도장용구 및 기기를 결정한다.

- 칠견본을 결정하여 시험적으로 칠을 해보고 품질관리의 기준을 설정한다.
- 도료의 보관 장소를 정해 보관 시의 주의사항을 명시한다.
- 작업환경의 정비 및 인접 공사의 보호대책에 주의를 기울인다.
- 작업을 둘러싼 안전위생 및 방화대책을 세운다.

3.4.6 타일공사

타일공사는 보통 콘크리트 등의 바탕면에 붙이는 재료로 모르터 또는 유기질 접착제를 이용해 견고하게 접착하여 마감면을 구성한다. 타일이 가지고 있는 색조나 질감의 풍부함 등으로 인해 아름다운 마감면을 만들 뿐만 아니라 타일의 재질이 각 부위의 내수성, 내열성, 내마모성의 확보에 연관되며 내구성이 우수하다.

이와 같이 타일붙이기는 마감공사로서 우수한 면을 가지고 있지만 시공과정을 통하여 충분한 부착강도가 확보되지 않으면 박리현상이 발생하여 제 기능을 충분히 발휘하지 못하게 된다.

현장에서 손으로 붙이는 공법을 중심으로 공법선택상의 주의사항을 열거하면 다음과 같다.

- 타일의 재질 등에 대한 명확한 판단
- 바탕면의 조건 검토
- 붙임재료의 종류 및 조합의 결정
- 타일의 취급, 붙이는 순서 및 압착 방법에 대한 지식
- 작업능률의 향상, 공정의 합리화를 지향하기 위한 시공조건의 명확화
- 요구되는 부착 강도, 면의 정밀도, 외관 등에 대한 품질의 명확화
- 동원할 수 있는 타일공의 기능 수준, 전문공사업자의 능력 파악
- 공사비 제약, 공기조건 검토

3.4.7 기타 마감공사

기타 마감공사들은 주로 건물의 실내 최종마감이 되는 공사들로서, 준공 후에는 직간접적으로 거주자의 눈에 띄게 되어 마감의 정도가 그대로 건물전체의 평가에 반영될 가능성이 있으므로 신중하고 자세한 설계 및 시공이 요구된다. 실내 마감공사는 공사별로 분류하면 목공사, 단열공사, 도배공사, 룸 카펫공사, 가구공사 등이 있으며, 부위별로 구분하면 천장공사, 벽공사, 바닥공사 등으로 분류할 수 있다. 실내 마감에 요구되는 성능은 건축물의 성격, 방의 종류, 사용되는 환경조건 등에 따라 크게 달라지므로, 취급되는 재료와 공법은 종류가 많으며 신재료, 신공법의 개발도 활발하게 진행되고 있다. 특히 신재료, 신공법의 경우 어느 성능면에서는 우수하지만 다른 성능면에서는 다소 떨어져 사용 환경에 따라서는 단기간에 결함이 발생하는 경우도 적지 않다. 또한 사용경험이 적기 때문에 시공 시의 관리 잘못으로 인해 결함이 유발될 위험성도 크다. 따라서 신재료, 신공법의 적용에서는 종합적인 평가와 신중한 시공관리가 요구된다. 실내 마감공사는 작은 밀폐된 실내에서 작업을 하는 경우가 많으므로, 접착제 등 휘발성 유기용제를 포함하는 재료를 다루는 경우에는 환기를 충분히 하여 인체에 미치는 영향 및 화재의 위험을 방지한다. 또한 밀폐된 실내에서 습식바탕위에 내장재를 설치할 경우에는 바탕재 내부의 수분이 쉽게 증발하지 않아 수분에 의한 결함이 발생하기 쉬우므로 환기가 잘 되도록 함과 동시에 충분한 양생 기간을 확보한다.

3.5 전기·설비공사

설비공사는 건물 내의 주거환경이나 안전성의 확보, 거주자의 이동 등을 위한 서비스 시스템을 구성하고 있으며, 설비공사는 일반적으로 급배수·위생설비, 난방설비, 전기·통신설비, 운송설비, 소화·

방재설비 등으로 나누어진다. 이러한 설비공사는 에너지나 정보를 건물 구석구석까지 공급, 전달하기 위해서 배관, 전선 혹은 각종 기기 및 기구를 건물 내에 설치하는 것으로, 건물의 각 부위와 깊이 관련되어 있을 뿐만 아니라 각 설비가 상호 관련을 맺고 있으면서 건물 내의 주거환경을 유지하는 중요한 역할을 하고 있다. 이와 같이 설비공사는 건축공사의 각 단계와 깊은 관련이 있으므로 시공관리 기술자는 공사 초기 단계에서 설비공사까지 포함한 시공 계획을 입안해야 한다. 설비의 설계 및 시공에 있어서는 건물의 기능을 지속적으로 유지하기 위해서 준공 후의 점검·보수 혹은 설비의 교체도 염두에 두어야 한다. 설비공사의 공정 계획 수립에서는 특히 다음과 같은 점에 주의해야 한다.

- 관계관청으로의 신청·신고, 검사 시기
- 공공설비의 인입 시기, 신청일로부터의 소요 일수
- 설비기기의 승인에 필요한 일수 및 납기, 반입 시기, 사용 개시 시기
- 시험·검사, 시운전, 조정의 소요 일수

참고문헌

1. 강금식, 생산·운영관리, 박영사, 1987.
2. 대한건설협회, 건설업경영분석, 1999.
3. 대한건축학회, 건축학전서 8-건축시공-, 1997.
4. 배경율, 통합생산운영관리, 세학사, 1996.
5. 손창백 외, 건설관리학, 사이텍미디어, 2006.
6. 신현식 외, 건축시공학, 문운당, 1998.
7. 신현식, 공사 관리핸드북, 태림문화사, 1995.
8. 쌍용건설 기술개발부, 공동주택의 생산성 향상방안 연구, 1990.
9. 한국건설기술연구원, 건설시공의 생산성향상을 위한 현장작업측정기법, 1989.
10. 田村 編著, 建築施工法－工事計劃と管理－, 丸善株式會社, 1987.

part **III**

사업비 관리

박희성 · 이동훈

chapter 01

사업비 관리

1.1 개요

건설 공사의 성공적 여부를 판단하는 조건 중 사업비와 공기 준수 여부가 기본이다. 사업의 발주자는 주어진 예산 범위 내에서 원하는 품질 수준이 확보된 시설물의 건설을 수행되기를 원한다. 그리고 계약자는 발주자의 요구 품질을 만족하면서 사업비 관리를 통해 최소의 비용을 투입하여 이윤의 극대화를 추구하는 것이 일반적이다. 따라서 사업비는 발주자와 계약자가 공통적으로 관리하는 기본적인 항목이다.

사업비는 영어로 'cost'이지만 공사비, 원가, 예산, 가격 등 다양하게 사용된다. 사업비는 '건설 수행 과정에서 발생하는 자재비, 장비비, 노무비 등을 포함한 총 비용'이며, 수익 창출에 기여하지 않는 손실도 포함한다.

성공적인 건설사업 완수를 위해서는 수행을 위해서 원가 관리, 품질 관리, 공정 관리, 안전 관리, 계약 관리 등 다양한 분야의 체계적인 관리가 필요하다. 이러한 관리를 통해 사업비, 공기, 안전, 품질 등에서 좋은 결과를 얻게 된다. 이런 성과 중 사업비는 사업 성공 여부를 결정하는 가장 중요한 지표 중 하나이다. 품질과 공기, 안전과 관련된 문제는 결과적으로는 사업비의 증가로 연결되므로 사업비 관리는 성공적인 건설사업 수행을 위해 가장 기본적인 과정이다.

사업비 관리는 입수 가능한 자료로 원가 계획을 수립하고, 이에 따라 건설사업을 수행하면서 계획과 실제 성과를 비교하여 예정된 원가 내에서 사업을 완수할 수 있도록 원가의 흐름을 통제하고 관리하는 것을 그 목적으로 한다. 본 장에서는 사업비 관리의 절차와 견적의 방법과 종류, 공정 공사비 통합 관리 방안인 EVMS(Earned Value Management System)에 대해 소개한다.

1.2 사업비 관리 절차

건설공사 참여자인 발주자와 계약자는 기성금 신청과 지급 접점으로 독립적으로 사업비 관리를 수행하고 있다. 사업비 관리 절차는 자원 계획(Resource Planning) → 견적(Cost Estimating) → 예산 편성(Cost Budgeting) → 통제(Cost Control)와 같다. 다음 그림 1은 발주자와 계약자의 사업비 관리 절차를 상세히 나타내고 있다.

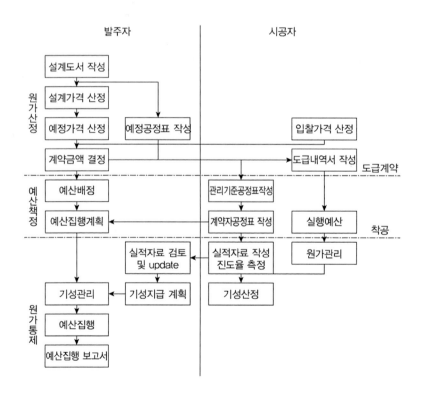

[그림 1]
사업비 관리의 절차

건설사업의 사업비는 사업 초기에 예산가격을 확정하고 설계가 완성되면서 설계가격으로 변경된다. 그리고 시공자 선정을 위한 입찰 과정을 거치면서 낙찰가격으로 변경된다. 다음 표 1은 정부와 공공 발주기관이 건설공사를 발주하기 전 예정가격을 결정하는 과정과 입찰 후 사업비가 어떻게 변경되는지 설명하고 있다.

예산가격 → 추정가격 작성 → 설계가격(조사가격) 작성 → 기초금액 작성 → 예정가격 작성 → 낙찰가격(계약금액)

[표 1] 가격의 종류

가격의 종류	내용
예산가격	계약 담당 공무원이 목적사업에 소요될 금액을 산출하여 정부 또는 공공기관의 장에게 청구한 금액 중 확정된 원가
추정가격	물품, 공사, 용역 등의 조달계약을 체결함에 있어 국제입찰, 수의계약 등의 대상 여부를 판단하는 기준 등으로 삼기 위해 예정가격 결정이나 입찰공고에 앞서 추정하여 산정된 가격이며, 관급자재로 공급될 부분의 가격은 합산하고 부가세는 제외된 금액
설계가격	설계도서를 작성하면서 설계자가 산출하는 가격으로 거래실례가격, 원가계산에 의한 가격, 표준시장단가에 의한 가격, 감정가격, 견적가격 등을 의미
조사가격	설계도서의 심사과정(중앙정부의 경우 조달청에서 시행)에서 회계부서에서 당해 공사의 여건, 물량의 과다 등을 감안하여 보정한 단가를 적용한 금액으로 일반적으로 설계가격에서 6~7% 감액
예정가격	입찰이나 계약 체결 전에 낙찰자 및 계약금액의 결정 기준을 위해 준비하는 가격으로 정부공사의 경우 중앙관서의 장 또는 계약담당 공무원(재무관, 계약관)이 결정하며, 재무 관리, 예산 절감 등의 이유로 3~6% 감액
낙찰가격 (계약금액)	낙찰자가 입찰을 통해 낙찰받은 금액으로 계약자(시공자)는 이 금액을 근거로 원가 관리 성과 기준을 작성

1.3 건설 원가의 구성

건설공사의 원가는 재료비, 노무비, 경비, 일반 관리비와 이윤으로 구성된다. 그리고 공사 단계별로 수주 단계의 견적원가, 시공 단계의 실행예산원가, 준공 단계의 정산원가로 구분할 수 있다. 이러한 건설공사비의 구성 요소는 다음 그림 2와 같이 나타낼 수 있다.

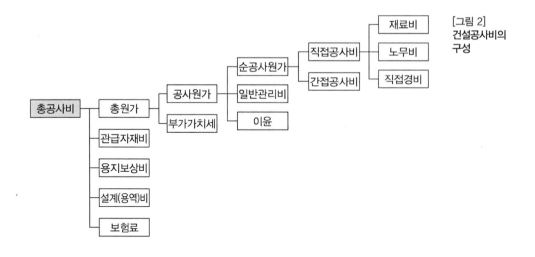

[그림 2]
건설공사비의
구성

1.3.1 재료비

재료비는 건설공사를 위해 필요한 원료와 원료의 가공품을 구매 또는 사용하기 위한 금액이다. 시공을 위해 소요되는 재료비용의 합 계액으로 다음과 같은 계산식을 이용하고 있으며 직접재료비와 간접 재료비로 구분한다.

$$재료비 = 재료물량 \times 단위당\ 가격(직접재료비 + 간접재료비) - 사용고재\ 및$$
$$기타\ 발생재$$

직접재료비는 시설물의 실체를 구성하는 자재로 철근, 목재, 시멘 트, 모래, 벽돌, 타일, 유리 등의 주요 재료비로 재료비의 대부분을 차지한다. 간접재료비는 보조적으로 소비되는 물품인 소모재료비, 소모공구, 가설재료비 등을 포함한다. 여러 공종에 공통적으로 사용 되는 가설자재는 간접재료비의 대표적인 예이다.

1.3.2 노무비

건설공사에서 노무비는 건설공사 수행 과정에 직간접적으로 참여하는 근로자에게 지급하는 임금(기본급, 제수당, 상여금, 퇴직급여충당금 등을 합계한 노임)으로 다음 식으로 계상하며 직접노무비와 간접노무비로 구분할 수 있다.

노무비＝노무량×단위당 가격

직접노무비는 공사현장에서 시설물 시공에 직접 참여하는 노무자, 기능공과 기술자에게 지급되는 임금과 잡급, 제수당, 상여금, 퇴직급여충당금 등이 포함된 금액을 의미한다. 그리고 간접노무비는 공사현장에서 시설물의 시공에 직접 참여하지는 않고, 현장 보조작업에 참여하는 노무자, 현장감독과 관리 인력에게 지급되는 노무비를 의미한다. 간접노무비는 직접노무비에 간접노무비율을 곱하여 계상한다. 간접노무비율(＝간접노무비/직접노무비)은 시설물의 규모, 내용, 공종, 기간 등을 고려하여 유사공사 실적을 기준으로 결정하는 것이 원칙이다. 그러나 이러한 자료의 수집이 어려울 경우에는 다음 표 2를 참고하여 결정한다. 간접노무 비율은 다음 3개 요소의 평균값을 사용한다.

[표 2] 간접노무비율

구분		간접노무비율(%)
공사 종류	건축공사	14.5
	토목공사	15
	특수공사(포장, 준설 등)	15.5
	기타(전문, 전기, 통신 등)	15
공사 규모 (* 품셈에 의해서 산출된 공사원가)	5억 원 미만	14
	5~30억 원 미만	15
	30억 원 이상	16
공사 기간	6개월 미만	13
	6~12개월	15
	12개월 이상	17

* 공사 규모의 금액＝재료비＋직접노무비＋경비(이때 경비는 품셈에 의해 직접 계상되는 비목 중 보험료와 안전 관리비 등을 제외한 비목들을 합계한 비용
* 기획재정부 계약예규 및 지방자치단체 행정자치부 예규에 따름

공사 규모가 20억 원이고 공사 기간이 15개월인 건축공사의 경우 간접노무비율은 어떻게 결정하는가?

풀이 간접노무비율 (14.5% + 15% + 17%)/3 15.5%

1.3.3 경비

경비는 건설공사 수행에 소요되는 순공사원가 중 재료비, 노무비를 제외한 원가를 의미한다. 경비는 기업 유지를 위한 관리활동에서 발생하는 일반 관리비와는 구분된다. 경비에는 다양한 항목이 포함되는데 일반적으로 다음 21개 비목을 경비로 인정하여 포함한다.

경비 포함 항목 : 전력비, 운반비, 기계 경비, 특허권 사용료, 연구 개발비, 품질관리비, 가설비, 지급 임차료, 보관비, 폐기물 처리비, 기술료, 외주 가공비, 보험료, 안전관리비, 수도광열비, 복리후생비, 소모품비, 여비교통비 및 통신비, 세금 및 공과금, 도서 인쇄비, 지급 수수료

경비 비목 중 품셈 및 계약서 또는 법정요율에 의해서 산출 가능한 비목은 직접 계상한다. 그러나 그 외 비목은 시설물의 (재료비 + 노무비) × (경비 비목별 기준율)을 적용하여 산출한다. 경비 비목별 기준율을 적용하여 산출하는 항목에는 수도광열비, 복리후생비, 소모품비, 여비교통비 및 통신비, 세금 및 공과금, 도서 인쇄비, 지급 수수료가 포함된다. 이들 항목에 대한 합계 기준율은 표 3과 같다.

[표 3] 경비 기준율

구분		경비의 기준율(%)
공사 종류	건축공사	3.8644
	토목공사	6.1406
	특수공사(포장, 준설 등)	5.9429
공사 규모	5억 원 미만	3.3297
	5~30억 원 미만	4.5221
	30억 원 이상	5.2655
공사 기간	6개월 미만	4.5206
	6~12개월	5.0062
	12개월 이상	4.692

공사 규모 〈재료비＋직접노무비 ＋산출경비〉의 합계액 기준	공사 기간	건축	산업 설비 (건축)	토목	조경	산업 설비 (토목)
50억 미만	6개월 이하(183일)	5.5	5.5	7.9	7.0	7.9
	7~12개월(365일)	5.6	5.6	8.2	7.3	8.2
	13~36개월(1,095일)	6.6	6.6	9.0	8.1	9.0
	36개월 초과(1,096일)	7.1	7.1	9.1	8.2	9.1
50억 이상 ~300억 미만	6개월 이하(183일)	6.7	6.7	8.9	8.0	8.9
	7~12개월(365일)	6.8	6.8	9.2	8.3	9.2
	13~36개월(1,095일)	7.8	7.8	10.0	9.1	10.0
	36개월 초과(1,096일)	8.3	8.3	10.1	9.2	10.1
300억 이상 ~1,000억 미만	6개월 이하(183일)	6.8	6.8	8.1	7.2	8.1
	7~12개월(365일)	6.9	6.9	8.4	7.5	8.4
	13~36개월(1,095일)	7.9	7.9	9.2	8.3	9.2
	36개월 초과(1,096일)	8.4	8.4	9.3	8.4	9.3
1,000억 이상	6개월 이하(183일)	6.4	6.4	7.5	6.6	7.5
	7~12개월(365일)	6.6	6.6	7.8	6.9	7.8
	13~36개월(1,095일)	7.6	7.6	8.6	7.7	8.6
	36개월 초과(1,096일)	8.0	8.0	8.7	7.8	8.7

* 조달청 원가계산 제비율 적용기준에 따름

예제 2

토목공사로서 공사 규모가 12억 원(재료비 5억 원, 노무비 3억 원), 공사 기간이 11개월인 공사인 경우 경비의 비목별 기준율을 적용한 경비는 얼마인가?

> **풀이** 간경비 중 직접 계상항목은 품셈이나 법정요율을 적용하고 경비의 기준율에 의한 항목은 다음과 같이 계산
> 공종 : 토목공사 6.1406%, 규모 : 12억 원 4.5221%, 공사 기간 11개월 5.0062%이므로,
> 경비의 기준율 = (6.1406% + 4.5221% + 5.0062%))/3 = 5.2229%
> 경비 = (재료비 + 노무비) × 기준율 = (5억 원 + 3억 원) × 5.2229% = 41,783,200원

1.3.4 일반 관리비

일반 관리비는 기업 유지를 위한 관리활동에서 발생하는 비용으로 현장이 아닌 본사 및 지사의 경영과 관리 비용을 의미한다. 일반 관리비에는 임원보수, 종업원 급료 및 수당, 퇴직금, 법정 복리비, 복리 후생비, 수선 유지비, 사무용품비, 통신 교통비, 동력 용수 광열비, 조사 연구비, 광고비, 섭외비, 기부금, 임차료, 제세공과금, 보험료, 잡비 등이 포함된다. 일반 관리비는 위에 언급된 다양한 항목별로 직접 계상하기 어려우므로 다음 식을 이용하여 계상한다.

일반 관리비 = 순공사원가 × 일반 관리 비율
　　　　　 = (재료비 + 노무비 + 경비) × 일반 관리 비율(= 일반 관리비/
　　　　　　공사 원가)

[표 4] 공사 규모별 일반관리비율

일반 건설공사		전문, 전기, 전기통신, 소방 및 기타 공사	
순 공사원가	일반 관리비(%)	순 공사원가	일반 관리비(%)
5억 원 미만	6.0	5억 원 미만	6.0
5~30억 원 미만	5.5	5~30억 원 미만	5.5
30억 원 이상	5.0	30억 원 이상	5.0

* 기획재정부계약예규 제405호

1.3.5 이윤

이윤은 건설회사가 공사를 수행하고 얻는 영업이익을 의미한다. 이윤은 순공사원가 중 노무비, 경비와 일반 관리비의 합계액(기술료 및 외주가공비 제외)에 이윤율 15%를 초과하여 계상할 수 없으며 다음 식으로 계상한다.

이윤＝((노무비＋경비＋일반 관리비)−기술료−외주 가공비) × 이윤율 (15% 이내)

1.3.6 원가 계산

공사원가와 부가가치세를 더하면 총원가(도급액)이고, 총원가에 관급자재비, 용지보상비, 설계(용역)비, 보험료를 더하면 총공사비이다.

- 부가가치세 : 내자공사는 부가가치세 10%을 계상하지만, 차관공사는 외자에 대해서 면세이다.
- 관급자재비 : 구매물량이 대량이고 장기공사인 경우 물가변동 등을 감안하여 발주기관에서 구매하여 시공자에게 지급하는 자재비로서 자재 구매비용 외에 품목별, 금액별로 제시된 비율에 따라 구매수수료를 계상하여야 한다.
- 용지보상비 : 시설물 공사에 편입되는 용지의 구매비용으로 용지구입비, 지장물 이전비, 가옥 이전비, 지적 측량비, 등기비용, 수수료, 신문광고료 등을 계상한다.
- 설계비(용역비) : 측량, 지반조사 및 토질시험 등을 실시하여 설계도서를 작성하는 데 소요되는 경비이다.
- 공사손해보험료 : 공사손해보험에 가입할 때 지급하는 보험료로 관급자재를 포함한 총공사원가에 공사손해보험료율을 곱하여 계상한다.

1.4 견적

사업비 관리는 발주자의 예산 범위 내에서 효율적으로 사업비를 집행하고 관리하는 것이다. 따라서 사업의 소요 비용을 추정하는 견적(estimation)은 사업비 관리의 시작점이라고 할 수 있다. 견적은 건설공사에 소요되는 재료의 수량, 인력 또는 기계 사용량 등을 산출하여 공사원가계산을 하는 방법으로 재료비, 노무비, 경비, 일반 관리비, 이윤으로 구성되는 원가를 추정 계산하는 것이다. 따라서 견적은 건설사업의 생애주기에 따라 사업 구상 단계와 계획 단계에서는 발주자의 의사 결정 수단으로 활용된다. 그리고 입찰과정에서는 예정공사 가격 결정과 입찰자의 공사 입찰가격 산정 및 결정을 위해 활용된다. 또한 입찰과정을 통해 결정된 낙찰자가 계약 후 공사수행하기 위한 실행 예산 작성을 위해 견적을 수행한다.

1.4.1 견적의 기본 원칙

견적 수행 시 설계도면과 시방서 등에 나타난 발주자의 요구조건과 현장조건, 시공방법 및 장비 운용 계획 등 해당 건설사업의 정보를 고려하여 견적을 수행한다. 이를 위해서 Robert I. Carr(1989)는 다음과 같이 GAEP(Generally Accepted Estimating Principles) 7개 항목을 제시하였으며, 견적 수행 과정에서 일반적으로 고려해야 할 내용을 담고 있다.

1) 실제 상황 반영

견적 수행과정에서 경험, 판단과 과거 유사공사 실적 정보를 분석한 후 현재 상황을 반영하여 견적을 수행해야 한다. 정확한 견적을 위해서 최종 시설물의 건설과정을 머릿속으로 그리며 설계에 부합하는 자재, 공법, 장비 및 작업조를 선정해야 한다. 그리고 과거 실적자료나 공사 수행과정의 분석자료 및 견적자의 판단에 근거하여 공사비 산정을 할 때 유사성이 없는 기존공사 자료 등의 활용을 배제해야 한다.

2) 상세 수준 유지

견적 목표를 고려하여 현 단계에서 필요한 의사 결정이 가능한 상세 수준을 먼저 결정하고 필요한 수준에 맞춰 견적을 수행해야 한다. 상세견적의 경우 세세한 부분까지 고려하여 정확한 견적을 할 수 있지만, 현 상황의 의사 결정을 위해 필요한 수준을 넘는 상세한 견적을 수행하기 위해 추가 비용과 시간을 투입할 필요는 없다. 즉, 사업 계획이나 설계 초기 단계에서 발주자는 시설물의 건설 추진 여부를 결정하기 위한 개산견적이면 충분하다. 그러나 설계 완료 후 수행되는 견적은 주요 자재와 장비의 구매, 조립, 설치를 위한 공사비를 포함한 상세한 수준의 견적을 수행하게 된다.

3) 완전성

견적을 위해서는 시설물을 구성하는 모든 요소의 비용을 모두 고려하여야 한다. 따라서 설계 중에 수행되는 견적에는 현재까지 설계 결과와 향후 설계될 부분에 대한 내용도 견적에 포함되어야 한다. 예를 들면, 건설 현장에 설치 될 장비 구입하는 비용뿐 아니라 장비 운반 비용 및 설치 비용과 연결하기 위한 파이프와 제어장비 및 지지구조물에 소요되는 비용을 포함해서 완전한 견적이 되도록 해야 한다. 견적 수행 시에는 견적을 활용한 의사 결정에 필요한 견적의 상세 수준을 결정하고 해당 상세 수준에서 필요한 모든 비용을 포함하는 견적을 수행하여야 한다.

4) 문서화

견적서류는 사업상 의사 결정을 위해 사용되는 영구문서로서 누구

든지 이해하기 쉽고 확인 및 수정이 용이한 형식으로 작성되어야 한다. 견적 수행과정에서 가정한 조건, 공법, 장비, 인력에 대한 명기가 필요하다. 그리고 견적서류는 분쟁 발생 시 분쟁 해결의 수단으로 활용이 가능하므로 계약서, 제안서, 물품구매서 등과 같이 영구문서로 분류하여 관리하여야 한다. 그러나 견적서류는 의사 결정을 위해서 긴급히 작성되는 서류이므로 완벽한 형식을 갖추기보다는 견적과정의 오류나 계산과정의 수정흔적 등이 포함되어 있는 것이 일반적이다.

5) 직접비용과 간접비용 구분

직접비용은 건설작업과 직접 연계된 비용으로 작업이 수행되지 않으면 발생하지 않는 비용으로 자재비, 노무비(현장), 장비비, 경비(착·준공식, 특허 사용) 등의 비용을 의미한다. 그러나 간접비용은 건설작업과 직접 연관되지 않은 관리비용으로 일반적으로 관리비라고도 한다. 간접비용은 현장 관리비와 일반 관리비로 구성되며, 현장 관비리는 현장에서 공사 수행을 위해 필요한 비용이며, 일반 관리비는 본사의 구매와 견적 부서 등 지원 부서를 운영을 위한 비용이다.

6) 변동비용과 고정비용의 구분

공사과정 중에 작업물량의 증감에 의해 변동하는 비용은 변동비용이고, 변동이 없으면 고정비용이다. 건설공사의 경우 대부분의 작업은 변동금액과 고정금액이 혼재되어 있다. 고정비용은 특정 기간 동안 작업물량과 관계없이 일정한 비용으로 현장 사무실 유지비, 직원 급료(간접노무비), 장비손료 등이 해당된다. 변동비용은 인건비(직접노무비), 자재비, 장비가동 관련 비용 등을 포함한다. 예를 들어, 현장에 파이프 제작장 설치 시 제작장 설치 비용은 고정비용으로 파이프 작업 물량과 관계없이 일정한 금액이 소요된다. 그러나 제작장에서 작업하는 작업인력의 노무비는 파이프 작업물량에 비례하므로 변동비용이다.

7) 예비비 포함

견적은 현재 취득 가능한 자료를 근거로 미래 발생할 상황을 예상하여 공사비를 예측을 하는 과정이다. 따라서 견적은 정확성 추구가 기본이지만 건설과정에서의 불확실성으로 인해서 정확성 확보에 어려움이 있다. 이러한 미래 건설과정의 불확실성의 보완을 위해 견적 수행 시 예비비를 포함하여야 한다. 따라서 견적하는 과정에서 주어진 자료와 상황을 분석하고 자신의 경험을 이용하여 미래 발생 가능한 불확실한 상황을 예측하여 이를 통제하기 위한 적정한 수준의 예비비를 포함하여 적절한 대비를 하여야 한다.

1.4.2 견적의 종류

견적의 종류에 대한 명확한 정의는 없으나 일반적으로 건설사업의 개념 단계에 수행되는 개산견적과 프로젝트 설계 단계에서 수행되는 예산견적, 그리고 설계 완료 후 건설사업의 관리 및 입찰가격 결정 등을 위한 상세견적으로 분류할 수 있다. 본 절에서는 개산견적을 프로젝트 개념 단계와 설계 단계에서 발주자 의사 결정을 위해 수행되는 견적으로 규정하고, 상세견적은 설계 완료 후 수행하는 견적으로 구분하였다.

개산견적은 conceptual estimates, order of magnitudes, ball park estimates, gestimates, approximate estimates 등과 같이 다양하게 표현된다. 개산견적은 건설 시설물의 계획 단계부터 설계 초기 단계의 프로젝트 타당성 평가, 프로젝트 대안 선정과 설계대안의 결정이나 예산 수립을 위해 수행하는 견적이다. 프로젝트 초기 단계이므로 설계도면이나 시방서 등의 구체적이고 완벽한 건설사업에 관한 관련 자료가 없는 상태에서 시설물의 규모 등 개념적인 아이디어에 근거해서 견적을 수행한다. 따라서 견적 수행자의 경험이나 기존 유사 시설물 실적자료를 활용하여 견적이 이루어지는 것이 일반적이다. AACE(American Association of Cost Engineers)는 개산견적의 정확성을 +50% ~-30%로 발표하고 있다. 개산견적은 비용용량계수법(Cost-Capacity Factor), 비용지수법(Cost Indices Method), 계수견적법(Factor Estimating Method), 변수견적법(Parameter Cost Estimates), 가존단가법(Base Unit Price Method) 등의 방법이 있다.

1) 비용지수법(Cost Indices Method)

비용지수는 시간에 의한 돈의 가치의 상이함을 고려하여 공사비의 변동을 나타내는 지수이다. 비용지수 중 가장 대표적인 것으로는 Engineering News-Record(ENR)에서 발행하는 'Construction Cost Index'와 'Building Cost Index'가 있다. 이런 비용지수는 계획 중인 건설 시설물과 가장 유사한 기존 시설물의 공사비 정보를 활용할 때 계획 중인 시설물과 기존 시설물의 건설 기간의 시간 차이와 장소의 차이에서 오는 비용 오차의 보정을 위해 사용한다. 비용지수는 시설물 건설을 위해 필요한 입력물(input)의 비용을 기준으로 계산하는 방법과 완성된 시설물(output)을 기준으로 계산하는 방법으로 구분한다. 비용지수의 활용방법은 다음 예제에서 설명하고 있다.

> **예제 3**
>
> 맥주공장에서 자재창고를 건설하기 위한 계획을 진행하고 있다. ENR에서 발행한 Building Cost Index를 이용하여 개산견적을 수행하여라. 계획 중인 창고와 유사한 시설물을 1978년에 $4,200,000에 완성한 사례와 관련 자료가 있으며, 새로운 창고는 1982년에 건설할 예정이다. 비용지수법을 이용하여 공사비를 견적하시오.
>
> **풀이** ENR 비용지수의 기본년도인 1967년의 비용지수는 672과 유사 시설물의 시공년도인 1978년의 비용지수 1674를 비교하면 1674/672 = 2.49를 얻게 된다. 그리고 새로운 창고를 시공하고자 하는 1982년의 비용지수 2220과 기준년도인 1967년 비용지수 672를 비교하면 2220/672 = 3.30을 얻는다. 따라서 1982년에 건설하고자 하는 창고의 대략적인 공사비는 다음 식을 통해서 얻게 된다.
>
> 3.30/2.49 × $4,200,000 = $5,566,000 ≈ $5,600,000

2) 비용용량계수법(Cost-Capacity Factor)

앞서 설명한 비용지수법은 시간의 흐름에 따른 비용의 변화를 보정하는 방법이지만 비용용량계수법은 기존 시설물과 현재 계획 중인 건설 시설물의 규모, 범위, 용량의 차이를 보정하는 방법이다. 시설물의 용량이나 크기가 늘어남에 따라 공사비는 선형비례로 증가하지는 않으므로 다음과 같은 식을 활용하고 있다.

$$C_2 = C_1 (Q_2 / Q_1)^x$$

여기서, C_2 : Q_2의 용량을 가진 시설물의 예상 공사비

C_1 : Q_1의 용량을 가진 기시공된 시설물의 공사비

x : 유사한 시설물의 비용용량계수

비용용량계수는 시설물의 종류에 따라 완성된 시설물의 공사비 자료를 근거로 산출한 값이다. 시설물 종류에 따라 시설물의 용량을 표시하는 단위는 달라지는데 병원은 병상, 학교는 학생 수, 주차시설은 주차대수, 발전시설은 일일 발전용량, 제철소는 일일 생산량, 정유소는 일일 정유용량을 기준으로 한다. 비용용량계수법은 특히 석유화학 플랜트공사에 많이 적용되고 있다.

> **예제 4**
>
> 앞서 사례로 든 자재창고의 경우는 창고면적을 시설물의 용량으로 볼 수 있다. 예를 들어 창고 시설물의 경우 비용용량계수(x)가 0.8이라 하고, 1978년에 지어진 창고가 현재 계획하고 있는 창고 부지와 근접한 지역에 지어졌고 창고면적이 120,000 SF이었다. 현재 계획 중인 창고의 면적이 150,000 SF일 때 비용용량계수법을 이용하여 공사비를 견적하시오.
>
> **풀이** $C_2 = \$4,200,00(150,000/120,000)0.8 = \$5,020,000 \approx \$5,000,000$

3) 계수견적법(Factor Estimating Method)

설계가 진행되면서 시설물의 구성 요소에 대한 정보가 결정된다. 즉, 시설물의 규모와 설치될 장비나 기계가 결정되면 이러한 장비나 기계를 기준으로 장비설치비 등을 포함한 비용을 포함하여 견적하는 방법이 계수견적법이다. 여기서 장비는 시공을 위한 건설장비가 아니고 플랜트 현장에 설치 될 컴프레셔, 발전기, 펌프, 벨트 컨베이어 등을 의미한다. 계수견적은 장비 구입비와 실적자료를 통해 분석한 장비별 운반비, 설치 노무비와 기타 경비 등을 고려한 계수를 곱으로 계산한다. 따라서 장비별로 구입비와 계수 곱의 총합으로 전체 공사비를 추정하는 방법이다. 벨트 컨베이어의 경우는 20~25%, 발전기의 경우는 10~30%를 설치에 필요한 비용 추정하여 계수로 활용하고 있다. 계수견적법의 정확성은 장비의 공장제작 여부, 노무비와 생산성 등에 따라 차이를 나타낼 수 있다.

4) 변수견적법(Parameter Cost Estimates)

빌딩공사에 주로 활용할 수 있는 변수견적법은 시설물의 규모와 범위에 영향을 주는 설계 변수를 근거로 견적하는 방법이다. 예를 들어, 창고의 경우 기초공, 구조공, 건축공, 기계·전기공, 경비 등 여러 공종에 소요되는 비용을 공사비/SF 형태인 단위면적당 비용으로 기존 사례를 근거로 견적을 수행한다. 이때 공종별 비용은 시설물 면적과 단위면적당 비용을 곱하여 구한다. 그리고 공사비 합은 시설물을 구성하는 모든 공종의 비용을 합하여 구한다. 견적의 정확성은 기존에 건설된 시설물의 실적공사 자료를 근거로 제시된 단위면적당 비용의 정확성에 따라 결정된다. 그리고 변수견적법은 어느 정도 설계가 진행되고 개략적인 수량산출이 가능해야 적용 가능하다.

상세견적과 유사한 의미의 용어는 detailed estimates, definitive estimates, control estimates, firm bid estimates 등이 있다. 상

세견적은 상세 설계 완료 후 실시하는 견적으로 상세견적의 목적은 원가 관리 기준 설정이나 입찰금액 결정이다. 상세견적을 위한 설계도서는 설계도면과 시방서를 의미한다. 설계도면은 시설물 시공을 위한 토공, 건축공, 기계공, 전기공 등의 도면이다. 그리고 시방서는 시설물의 시공을 위한 자재, 시공법, 성능 등을 문서로 작성한 것이다. 따라서 상세견적은 설계도면과 시방서에 근거하여 시설물 시공에 소요될 재료, 노무, 장비 등의 수량과 비용을 결정하는 과정이다. AACE는 상세견적의 정확도를 +15%~-5%로 제시하고 있다.

상세견적은 일반적으로 물량 산출 → 일위대가 산정 → 공사비 계산의 과정을 거친다.

- 물량 산출 : 물량 산출은 시설물 시공을 위해 필요한 재료, 노무, 시공장비, 가설자재 등의 규격과 수량을 결정하는 과정이다. 따라서 건설공사의 물량 산출은 설계도서와 견적 기준에 따라 작성되어야 한다. 물량 산출 결과는 정해진 일정 양식의 수량산출서에 기록한다.
- 일위대가 산정 : 일위대가란 공사나 제조에 있어 단위 생산량(m, m^2, m^3, ton 등) 시공에 필요한 자재비와 노무비에 대한 가격을 의미하며 단가라고도 한다. 일위대가 산정을 위해 단위작업 수량에 소요되는 품은 표준품셈을 통해 계산한다. 공공 건설공사의 예정가격 산정을 위한 견적은 회계예규와 표준품셈에 근거로 세부 공종별 원가계산방식을 이용하고 원자재와 생산품의 경우는 생산자 견적금액을 채택하였다. 그러나 공공공사의 합리적인 예정가격 산정을 위해 실적공사비제도의 도입으로 기존 유사 공사의 실적자료를 활용하고 있다.
- 공사비 계산 : 공사비는 물량 산출 과정을 통해 얻어진 작업 공종별 수량과 일위대가 산정을 통해 계산된 단가를 곱하여 계산한다. 수량과 단가를 이용하여 공종별금액과 전체 공종에 대한 내역서를 작성한다.

이와 같은 견적 과정을 통해 결정된 직접공사비와 제경비를 합산하여 공급가액(공사원가)이 결정되고 부가가치세를 합하여 공사비(도급예정액)를 확정한다.

1.4.3 품셈

품셈은 어떤 목적물을 창조하기 위해서 필요로 하는 재료 및 기계의 수량, 인력의 노력품을 숫자로 표기한 것이다. 품셈에는 평균적인 노무량을 제시하고 있으나 현장마다 작업환경이 상이하며, 작업인부의 기능 수준 차이에 따른 노무량의 차이를 반영하지 못하고 있는 실정이다. 따라서 하나의 조건에 한정된 특정 작업에 대해 숙련공이 일을 했을 때 얻을 수 있는 노무량을 표준으로 다른 조건을 부과했을 때의 품을 산정하여 활용한다.

그리고 건설공사는 대부분의 작업이 야외에서 이루어지므로 외부환경요인에 영향을 많이 받는다. 또한 복합공종으로 이루어지는 작업이 많아서 품을 결정하는 데 어려움이 따른다. 즉, 단위공사당(m, m^2, m^3, ton, 매수 등)에 소요되는 재료 및 노력품은 공사조건, 지질, 환경, 기후, 작업인력의 기술 정도에 따라 많은 차이를 나타낼 수 있다. 따라서 이러한 여러 조건들을 고려하여 보편적이고 일반성을 유지하여 표준화한 것이 건설공사 표준품셈이다. 이렇게 제시된 표준품셈은 정부의 건설공사 중 가장 대표적이고 보편적인 공종, 공법 등을 기준하였고, 지역 및 기후적인 특수성을 고려하여 조정 적용하여 사용한다. 표준품셈은 공공건설공사의 적정한 예정가격 산정을 위해 활용되고 있다.

1.4.4 실적공사비

국가의 예산으로 건설되는 공공건설공사의 경우에는 합리적인 방법으로 결정된 예정가격이 성공적인 공사 수행의 기본이다. 과다한 예정가격의 책정은 국가 예산 낭비와 직결되고 과소한 예정가격은 시설물의 부실공사를 초래하게 된다. 따라서 적정한 수준의 예정가격을 제시함으로써 발주기관, 시공자, 사용자(국민) 모두에게 만족을 줄 수 있는 성공적인 시설물을 얻을 수 있다. 그러나 1962년 이후 예정가격 결정을 위해 사용되고 있는 표준품셈은 신기술·신공법의 반영이 어려우며, 시공 방법의 획일화로 기술발전을 저해하는 등의 문제점을 나타내고 있다. 따라서 정부는 2004년 2월부터 공공건설공사 예산 편성과 공사비 산출 및 설계 변경 시 계약금액 조정의 기초자료로 활용해온 표준품셈을 점차 축소하고, 유사공사의 실적자료를 활용하는 실적공사비 제도를 도입하였다. 이를 위해 산업연관표, 생산자 물가지수 등 공인된 통계자료를 토대로 도로시설, 항만시설 등 시설물 유형별로 건설물가의 변동 추세를 파악할 수 있는 건설공사비 지수를 개발하여 발표하고 있다. 실적공사비 제도는 재료비, 노무비, 직접공사경비가 모두 포함된 공종별 단가를 기존 시설물의 계약단가에서 추출하여 예정가격 산정에 활용한다. 기존의 품셈제도와 실적공사비제도의 차이점은 다음 표와 같다.

[표 5] 품셈과 표준시장단가 제도 비교

구분	품셈제도	표준시장단가제도
내역서 작성 방식	설계자 및 발주기관에 따라 상이	표준 분류 체계인 '수량 산출 기준'에 의해 내역서 작성 통일
단가 산출 방법	품셈을 기초로 원가 계산	계약단가를 기초로 축적한 공종별 실적 단가에 의해 계산
직접공사비	재료비, 노무비, 경비 단가 분리	재료비, 노무비, 경비 단가 포함
간접공사비 (제경비)	비목(노무비 등)별 기준	직접공사비 기준
설계 변경	품목 조정 방식, 지수 조정 방식	지수조정방식(공사비지수 적용)

* 출처 : 한국건설기술연구원(2004). 실적공사비제도 설명회 자료

표준시장단가제도의 가장 기본은 공사 유형, 규모 및 기술적 특성을 반영한 적정한 실적단가 자료를 수집·축적하는 것이다. 이를 위해 표준화된 일부 공종부터 실적단가를 축적하고 있다. 그러나 낙찰률이 현저하게 낮거나 일정 범위를 벗어난 공사의 실적단가는 제외시켜 실적단가 자료의 오류를 방지하고 있다.

1.5 공정공사비

1.5.1 공정공사비 통합 관리 방안(EVMS)

공정과 사업비는 건설프로젝트 성과 측정의 대표적인 기준으로 객관적인 평가가 가능하며 상호 긴밀한 상관관계를 가지고 있다. 따라서 공정과 사업비를 통합 관리함으로써 관리의 효율성을 증대할 수 있으며 사업 종료 시점에서의 사업비 및 공정에 대한 유효한 예측이 가능하다. 1999년 정부에서 발표한 '공공건설사업 효율화 종합대책' 내용에 따라 '건설기술관리법시행령'을 개정해서 EVMS의 적용 근거를 마련하였으며 현재 다양한 건설 프로젝트에서 활용되고 있다.

공정공사비 통합 관리 방안의 정의는 각 기관별로 약간의 차이가 있으나, 미국 예산관리처(Office of Management and Budget : OMB)는 '프로젝트 원가용, 일정, 그리고 수행 목표의 기준 설정과 이에 대비한 실제 진도 측정을 위한 성과 위주 관리 체계'라 규정하고 있다. 즉, 공정공사비 통합 관리 방안은 사업비와 일정의 계획값과 실제값을 통합 관리함으로써 진행 속도 및 문제를 파악하고 분석하여 원가와 일정을 예측하고 이에 대한 만회 대책 수립을 가능하게 한다. EVMS 기법을 도입하면 발주자 측면에서는 계획 대비 실적 관리를 통해 객관적인 원가 집행 및 관리가 가능하게 되며, 시공자 입장에서는 원가와 공정을 통합 관리함으로써 공사 관리의 효율성 증대와 기성관리체계의 간소화를 도모할 수 있다.

공정공사비 통합 관리 방안은 C/SCSC(Cost/Schedule Control Systems Criteria)와 EVM 등 여러 가지 용어가 혼용되고 있으나, 1965년 미국 공군에서 C/SCSC를 개발한 것이 시초이다. 그 후 1967년 미국 국방성이 이 개념을 주요 사업을 대상으로 적용하였으며, 미국의 여러 공공 발주기관도 이를 적용하여 왔다. 1997년 미국 국방성은 C/SCSC를 공공부문의 구매 및 조달 개혁과 연계하여 EVMS로 명칭을 변경하였다.

1.5.2 공정공사비 통합 관리 방안 관리 기준

미국국가표준화기구(American National Standards of Institute : ANSI)에 등록된 공정공사비 통합 관리 기준은 5개 분야 32개 항목으로 구성되어 있다. 관리 기준에서 제시된 내용은 발주자와 시공자 모두에게 해당되는 단일한 관리 기준 및 절차로 투명한 예산 및 계약 관리를 위해 제정되었다. 여기서 5개 분야는 조직 구성, 일정 계획 및 예산 수립, 비용 관리, 자료 분석 및 예측, 변경 관리로 나누어지며, 개략적인 내용은 다음과 같고 32개 세부항목은 표 7과 같다.

- 조직 구성 : 프로젝트 수행을 위한 모든 작업을 작업 분류 체계(WBS)에 의해 분류하고, 각 작업을 수행할 조직 분류 체계(Organizational Breakdown Structure : OBS)를 작성하여 작업과 그 수행 조직을 대응, 통합시키기 위한 기준을 제시하고 있다. WBS와 OBS의 최하단위의 교차점을 비용계정 (cost account) 또는 관리계정(control account)이라 하고, 이는 비용의 집행과 진도를 분석하는 기본 단위이다.
- 일정 계획 및 예산 수립 : 일정과 작업 진도 계획을 수립하고 작업별 예산을 할당하여 보할을 결정하는 성과 기준(PMB) 수립 기준을 제시한다. 일반적으로 PERT/CPM 기법을 활용하여 일정 계획을 수립하며 작업 간의 선·후

행 관계와 기간을 결정한다. 각 작업별 예산을 할당하여 일정 기간별로 예산을 집계하여 성과 기준을 결정한다. 또한 프로젝트 초기의 불확실성을 대비하기 위해 예비비를 확보한다.

- 비용 관리 : 시공자의 내부 원가 관리 시스템에 대한 내용을 실 투입비가 예산 편성 계획과 일치하게 집계 관리하기 위한 사항들이 포함되어 있다.
- 자료 분석 및 예측 : 최소한 월 단위로 관리계정별로 집계된 실적을 파악·분석하고 예측하며 시정조치 등의 의사 결정을 지원하는 기준을 말한다. 이 과정에서 계획원가(BCWS), 실적원가(BCWP), 실 투입비(ACWP)의 당기와 누계금액을 계산하여 전기와 비교하거나 전체 누계와 비교하며 성과를 측정한다.
- 변경 관리 : 프로젝트 과정 중에 필수불가결하게 발생하는 변경사항을 즉각적으로 성과 기준에 반영하기 위한 기준에 관련된 사항이다. 완료된 작업의 소급 변경이나 작업 및 예산의 임의적 변경 금지, 변경과 관련된 문서화 기준 등이 포함되어 있다.

[표 6] 미국 국방성 EVMS 관리 기준

기준	세부 항목
조직 구성	1. 작업 분류 체계, 관리단위, 관리단위 내역 항목 정의 2. 조직항목 및 조직 분류 체계 정의 3. 작업 분류 체계에 따른 계약자 내부 시스템 통합 4. 간접비 관리조직 및 책임 정의 5. 작업 분류 체계와 조직 분류 체계의 통합
일정 계획 및 예산 수립	6. 작업의 연관관계를 고려한 일정 계획 7. 마일스톤, 수행목표, 성과 측정 단위 결정 8. 관리계정 중심의 일정 기반 성과 기준 설정 및 유지 9. 비용 요소가 파악된 관리계정상 예산 편성 10. 독립복합작업에 대한 정의 및 예산 편성 11. 관리계정 배정 예산과 내부 편성 예산을 비교 확인 12. 관리작업의 정의 및 조정 13. 각 조직단위의 간접비 책정 및 편성 14. 미 배정예산과 예비비 결정 15. 사업목표금액과 예비비＋편성예산을 비교 확인

[표 6] 미국 국방성 EVMS 관리 기준(계속)

기준	세부 항목
비용 관리	16. 회계규정에 따라 직접비 기록 17. 관리계정의 직접비를 작업항목과 연계 18. 관리계정의 직접비를 계약자 조직단위상에 요약 19. 계약 수행 중 소요될 간접비용 기록 20. 단위가격 파악 21. 자원 회계 시스템을 통한 자원 관리
자료 분석 및 예측	22. 관리계정상의 주요 편차 파악 23. 주요 편차에 따른 경영 분석 및 원인 분석 24. 간접비 주요 편차의 파악 25. 주요 편차에 따른 관련 정보 수집 26. 문제 해결을 위한 해결 조치 실행 27. 공사 준공시점의 예산 추정
변경 관리	28. 변경사항에 따른 공정 및 공사비의 영향 파악 29. 기존 예산과 최신 예산을 일치 30. 변경사항에 따른 소급 적용을 방지 31. 미 승인된 개정을 방지 32. 성과 기준에 변경 사항을 기록

1.5.3 공정공사비 통합 관리 방안의 구성 요소

공정공사비 통합 관리 방안을 구성하는 요소는 표 7과 같이 계획 요소, 측정 요소, 분석 요소 3개로 나눌 수 있다. 계획 요소는 프로젝트의 성과 측정을 위한 표준화된 측정단위를 제공하는 기반으로 작업분류체계, 관리계정, 성과 기준이 해당된다.

- 작업 분류 체계(WBS) : 건설 프로젝트에 구성될 수 있는 모든 작업을 계층적으로 분류하여 동일한 기준으로 일정과 성과를 측정하기 위한 표준체계이다.
- 관리계정(Control Account) : 작업 분류 체계에 의해 분할된 최소 관리 단위를 의미하며, 공정 및 공사비 통합 및 성과 측정의 기본 단위이다. 프로젝트의 규모나 난이도 등에 따라 관리계정의 수준이 결정된다.
- 성과 기준(PMB) : 관리계정을 구성하는 항목별로 비용을 일정에 따라 배분하여 표기한 누계곡선을 말하면 소화곡선(S-curve)이라고도 한다. 이

는 계획과 실적을 비교 관리하는 성과 측정의 관리 기준이다.

[표 7] EVMS 구성 요소

	용어	약어	원어
계획 요소	작업분류체계	WBS	Work Breakdown Structure
	관리 계정	CA	Control Account
	성과 기준	PMB	Performance Measurement Baseline
측정 요소	계획원가	BCWS	Budgeted Cost of Work Scheduled
	실적원가	BCWP	Budgeted Cost of Work Performed
	실투입비	ACWP	Actual Cost of Work Performed
분석 요소	일정 차이	SV	Schedule Variance
	비용 차이	CV	Cost Variance
	잔여원가 추정	ETC	Estimate to Completion
	최종원가 추정	EAC	Estimate at Completion
	총 사업예산	BAC	Budgeted at Completion
	공사비 편차 추정	VAC	Variance at Completion
	비용 차이율	CVP	Cost Variance Percentage
	일정 차이율	SVP	Schedule Variance Percentage
	잔여원가 성과	TCPI	To-Complete Cost Performance Index

측정 요소는 실제 공사가 진행되는 과정에서 주기적으로 성과를 측정하고 분석을 위한 자료를 수집하는 과정으로 계획원가, 실적원가, 실투입비로 나뉜다.

- 계획원가(BCWS; PV) : 실행예산 또는 계획실적(Planned value) 등으로 불리며, 공사 계획에 의해 특정 시점까지 완료해야 할 작업에 배분된 예산
- 실적원가(BCWP; EV) : 소화금액, 기성, Earned value(EV) 등으로 불리며 특정시점까지 실제 완료한 작업에 배분된 예산
- 실투입비(ACWP; AC) : 특정시점까지 실제 완료한 작업에 소요된 실제 투입 비용(Actual cost)

분석 요소는 측정 요소를 활용하여 특정 시점에서의 공사의 상태

를 파악하고, 향후 성과를 예측하여 일정과 원가의 영향을 분석하는 지표이다. 분석 요소에는 일정 차이, 비용 차이, 잔여원가 추정, 최종 원가 추정, 총 사업예산, 원가 편차 추정, 비용 차이율, 일정 차이율이 포함된다.

- 일정 차이(SV) : 특정 시점에서 계획원가와 실적원가의 차이를 비용의 개념으로 표현한 것으로 공정의 지연 정도를 금액 기준으로 표시

$$SV = BCWP - BCWS$$

  SV<0 : 일정 지연, SV>0 : 일정 초과 달성, SV=0 : 계획 대비 실적 일치

- 일정 수행 지수(Schedule Performance Index : SPI) : 계획 일정과 실제 일정을 비교하기 위한 지수로 계획원가와 실적원가의 비율로 표시

$$SPI = BCWP / BCWS$$

  SPI<1 : 일정 지연, SPI>1 : 일정 초과 달성, SPI=1 : 계획 대비 실적 일치

  예) SPI가 0.8이면 특정 시점 기준으로 비용 기준으로 80% 공정 달성한 것을 의미

- 비용 차이(CV) : 특정 시점에서 BCWP와 ACWP의 차이로서 시공자 입장에서 공사 수행을 통한 손익 정도를 분석

$$CV = BCWP - ACWP$$

  CV<0 : 원가 초과, CV>0 : 원가 절감

- 비용지출지수(CPI, Cost Performance Index) : 원가의 초과 집행 또는 절감을 분석하는 지수로서 실적원가와 실투입비의 비율로 표시

$$CPI = BCWP / ACWP$$

  CPI<1 : 원가 초과, CPI>1 : 원가 절감

- 잔여원가 추정(ETC) : 성과 측정 기준일부터 추정 준공일까지 실투입비에 대한 추정액

$$ETC = (BAC - BCWP) / CPI$$

- 최종 원가 추정(EAC) : 공사 착공부터 추정 준공일까지 실투입비 총액 추정치

$$EAC = ACWP + ETC = ACWP + (BAC - BCWP)/CPI = BAC/CPI$$

- 총 사업예산(BAC) : 공사 준공 시까지 소요되는 예산의 총 합
- 공사비 편차 추정(VAC) : 총 사업예산과 최종 원가 추정의 차이로서 공사 준공시점에서 비용 성과를 추정하는 지표

$$VAC = BAC - EAC$$

- 잔여공사비 성과지표(TCPI) : 측정시점 기준에서 잔여 공사물량에 대한 예산과 실투입비 추정액의 비율

$$TCPI = (BAC - BCWP)/(BAC - ACWP)$$

- 비용 차이율(CVP) : 비용 차이와 실적원가의 비율

$$CVP = CV/BCWP = (BCWP - ACWP)/BCWP = 1 - ACWP/BCWP = 1 - 1/CPI$$

- 일정 차이율(SVP) : 일정 차이와 계획원가의 비율

$$SVP = SV/BCWS = (BCWP - BCWS)/BCWS = (BCWP/BCWS) - 1 = SPI - 1$$

그림 3은 건설공사의 건설공사의 계획된 예산과 실제 투입 비용 및 일정 비교를 나타내는 도표이다.

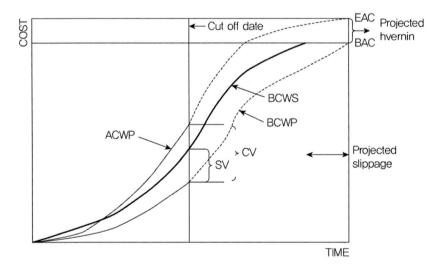

[그림 3] 공사 예산과 실제 투입 비용 및 일정 비교

공사 착공 후 4주 후 다음과 같은 실적자료를 얻었다. 주어진 자료를 기준으로 공정공사비 통합 관리 방안 관련 지표를 계산하여라.

단위 : $1,000

구분	1주	2주	3주	4주	소계
BCWS	$250	$250	$250	$250	$1,000
BCWP	$200	$200	$150	$210	$760
ACWP	$200	$250	$250	$350	$1,050
BAC	$2,000				

풀이
- SV = BCWP-BCWS = 760-1,000 = -$240
- SPI = BCWP/BCWS = 760/1,000 = 0.76
- CV = BCWP-ACWP = 760-1,050 = -$290
- CPI = BCWP/ACWP = 760/1,050 = 0.72
- EAC = BAC/CPI = 2,000/0.72 = $2,778
- VAC = BAC-EAC = 2,000-2,788 = -$788
- ETC = (BAC-BCWP)/CPI = (2,000-760)/0.72 = $1,722
- TCPI = (BAC-BCWP)/(BAC-ACWP) = (2,000-760)/(2,000-1,050) = 1.31

분석 현재 본 공사는 일정도 예정보다 지연되고 있으며 원가 측면에서는 실투입이 과다하게 소요되고 있는 상태이다. 따라서 이러한 추세로 공사가 진행되면 준공시점에서 $778만큼의 원가가 더 소요되리라 예상된다. 따라서 적절한 만회 대책을 수립하여야 한다.

1.5.4 공정공사비 통합 관리 적용 절차

공정공사비 통합 관리는 앞 절에서 제시된 관리 기준 5개 분야에 근거해서 수행된다. 세부적인 적용 절차는 다음과 같다.

- 프로젝트 업무 정의 : 작업 분류 체계(WBS)를 활용하여 프로젝트의 업무를 단위시설물, 부위, 작업을 계층적으로 분류한다. WBS의 최하위 단위는 관리계정이고 이는 프로젝트 진도와 성과 측정을 위한 기초가 된다.
- 예산 배분 : 작업 분류 체계에 의해 분류된 각 작업 단위에 소요될 예산을 배분하는 과정이다.
- 일정 계획 수립 : 일반적으로 CPM(Critical Path Method) 기법을 활용하

여 작업 분류 체계상에 나타나는 각 작업의 선·후행 관계를 결정하고 작
업 소요 일수를 계산하여 일정 계획을 수립한다.

- 성과 기준 설정 : 공정과 원가 통합 관리의 기본 단위인 관리계정별로 설정
된 예정 진도를 일정 기간(일반적으로 월) 단위로 집계하여 각 기간별 보
할을 결정하고 이를 누적 계산하여 기준진도율 누계곡선(S-curve, 소화
곡선)을 작성한다.
- 실적자료 입력 : 프로젝트가 진행되는 과정에서 정기적으로 진척율과 성
과를 측정하기 위해 실적원가(BCWP)와 실 투입비(ACWP)를 파악한다.
플레밍과 카플만은 EVMS 적용을 위한 진도 산정 방법을 다음 표 8과 같이
소개하고 있다. 여러 가지 진도 산정 방법 중 프로젝트 특성 및 관리의
용이성 등을 고려하여 결정하여 적용한다.
- 성과 측정 : 공정 및 원가에 대한 계획 대비 실적을 분석하여 SV, SPI,
SVP, CV, CPI, CVP 지표를 계산한다.
- 분석 및 예측 : 프로젝트 진행 과정에서 성과 측정을 통해 얻어진 지표를
활용하여 준공 시점의 예상 원가를 추정하고 예상 문제점을 분석하고 대
책을 수립하는 과정이다.

[표 8] 실적 진도 측정 방법

방법	내용	특징
Weighted milestones	마일스톤에 가중치 비용을 분할	객관적인 마일스톤을 월당 1~2개 설정. 짧은 공기 공사에 적합. 가장 선호되는 방법이나 작성과 관리가 어려움
Fixed formula by task	일정 비율, 즉 0/100, 50/50 등으로 분리	C/SCSC 초기에 많이 활용됨 자원 소요에 따라 진도율 분배. 이해하기 쉽지만 효과적인 활용을 위해서는 관리단위를 작게 유지해야 함
Percent complete estimates	월별 실적진도를 담당자의 평가에 의해 결정	주관적 판단에 근거함. 객관성 제고를 위해 관리지침을 설정하여 활용. 관리의 용이성에 기인해서 많이 활용. 일반적으로 누계 진도를 표시함
Percent complete & milestone gates	마일스톤 가중치와 주관적 실적 진도를 병행 사용	주요 마일스톤의 한계 내에서 주관적 실적 진도를 평가. 가중치 마일스톤만을 활용 시 기준 진도 작성에 필요한 과중한 노력 경감
Earned standards	과거 실적자료에 근거한 기준 설정	가장 정교하며 체계적인 관리가 필요함. 반복적 작업 또는 규칙적 생산작업 등에 제한적 활용
Apportioned relationships to discrete work	밀접한 상관관계를 갖는 작업을 동일한 방법으로 평가	일정차이에서는 큰 오차를 발생하지 않으나 비용 차이에서는 현저한 오차를 유발시키는 단점이 있음
Level of effort	작업량보다는 작업시간을 기준으로 진도 평가	물리적 작업이 아닌 계획진도에 의해 평가되며 실적진도와 같아지는 단점이 있음
Equivalent completed unit	단위별로 동등한 가치를 부여	기간이 길거나 반복 작업인 경우 반복되는 단위를 가진 작업으로 분할. 효과적인 활용을 위해서는 작은 관리 단위 요망

* 출처 : Fleming & Koppelman 1996, Earned Value Project Management.

1.5.5 공정공사비 통합 관리의 기대효과

공정공사비 통합 관리는 이론적으로는 프로젝트 관리 전반에 걸쳐 많은 효율성을 제고한다. 그러나 실제적인 효과는 수행 주체의 활용 방법과 정도에 따라 다양하게 나타날 수 있다. 대한주택공사(방종대 외 2003)에서 공정공사비 통합 관리를 현장에 적용하면서 분석한 기대효과는 다음과 같다.

- 예정공정률 및 기성률의 투명성 확보
- 실공정률의 정확성 및 신속성 확보

- 자금계획 수립의 효율화
- 원가 절감
- 감독업무의 효율화(예정공정률, 실공정률, 기성업무의 효율화)
- 수급업체의 업무 효율화(공정표 작성 및 공무행정의 효율화)

공정공사비 통합 관리 방안의 긍정적인 효과에도 불구하고 활성화 시키기 위해서는 개선되어야 할 사항들이 있다. 기존에 수행하던 예산 관리 절차와 상이함으로 인한 거부, 실적 관리 기준의 미비, 분류 체계의 표준화, 공정 관리 운영지침서, 기성 지급 방법에 대한 절차와 지침 등을 고려하고 해결하여야 공정공사비 통합 관리 방안의 적극적인 활용을 기대할 수 있을 것이다.

참고문헌

1. 강인성, 고용일, 토목적산학 개론, 구미서관, 1994.

2. 고용일, 건설적산 및 시공, 구미서관, 2004.

3. 김건식, 원가관리, 건설사업관리 실무과정 교재, 한국건설산업연구원, 1999.

4. 김건식, Earned Value Management System의 개요, 건설관리 기술과 동향 I, 한국건설관리학회, 2003.

5. 김문한 외 17인, 건설경영공학, 기문당, 2003.

6. 박희성 외, 건설관리학, 사이텍미디어, 2006.

7. 이배호, 건설공사관리 이론 및 실제, 구미서관, 2000.

8. 이승언, 살아 있는 토목시공학, 구미서관, 2004.

9. 이유섭, 실적공사비 적산제도 운영방안, 한일 실적공사비 적산제도 세미나 자료, 2003.

10. 이유섭 외 3인, 공공 건설공사 공정-공사비 통합관리를 위한 정책 방향, 건설관리 기술과 동향 I, 한국건설관리학회, 2003.

11. 정영수, 이영환, EVMS 개념의 이해와 활용 방안, 한국건설산업연구원, 1999.

12. 정영수 외 2인, 공정 · 원가 통합 관리 활성화 방안, 한국건설산업연구원, 2000.

13. 최대호, 최신 토목적산, 구미서관, 2004.

14. 최석인, 실적공사비 적산제도의 단계적 도입방안, 한일 실적공사비 적산제도 세미나 자료, 2003.

15. 한국건설기술연구원, 공공 건설공사 공정-공사비 통합관리를 위한 공청회 자료, 2000.

16. 한국건설기술연구원, EVMS 구축 프로세스의 적정성 평가 및 자문용역 보고서, 2001.

17. 한국건설기술연구원, 실적공사비제도 설명회 자료, 2004.

18. AACE, Skills & Knowledge of Cost Estimating, 3rd Ed., AACE International, 1993.

19. ANSI/EIA 748-98 Earned Value Management System

20. Barrie, S.D. and Paulson, B.C., Professional Construction Management, McGraw-Hill, 1984

21. Carr, R.I., "Cost Estimating Principles," Journal of Construction Engineering and Management, ASCE, Vol. 115, No.4, Dec., 1989, pp. 545~551.

22. Carr, R.I., Cost Engineering Class Note, Dept. of Civil Engineering, Univ. of Michigan. 1995.

23. Clough, H.R. and Sears, A.G., Construction Contracting, John Wiley & Sons, 1994

24. Fleming, Q.W. and Koppelman, J.M., Earned Value Project Management, Project Management Institute, 1996.

25. Neil, J.M., Construction Cost Estimating for Project Control, Prentice-Hall, 1982.

26. OMB, Principles of Budgeting for Capital Asset Acquisitions, Office of Management and Budget, 1997.

part **IV**

경제성 분석

정근채

공학은 한정된 자원을 활용하여 인간에게 필요한 최대의 효용을 창출해야 한다는 측면에서 경제학과 밀접한 연관성을 가지고 있다. 즉, 아무리 훌륭한 공학적 성과라 할지라도 도저히 경제적으로 감당할 수 없는 비용이 소요된다면 실행 가능한 좋은 성과라 말할 수 없는 것이다. 따라서 공학자는 자신의 아이디어를 실제로 구현하기 전에 가치와 비용의 측면에서 경제적 타당성을 반드시 평가해보아야 한다. 인간에게 필요한 주택, 건물, 플랜트, 사회기반시설 등을 생산하기 위한 건설공학 분야에서도 이러한 원칙은 예외 없이 적용된다. 건설공학자는 경제성에 대한 개념을 정확히 파악하고 있어야 하며, 이를 통해 가장 경제적인 방법으로 소비자가 원하는 성능의 건축물과 사회기반시설을 만들기 위한 노력을 지속적으로 경주해야 한다.

본 장에서는 건설 프로젝트의 경제적 타당성을 분석하기 위한 다양한 도구를 제공하는 경제성 분석 방법론에 대해 설명한다. 경제성 분석은 그 자체로 매우 넓은 범위를 가지고 있기 때문에, 이에 대한 모든 내용을 본 장에서 언급하는 것은 불가능할 것이다. 따라서 본 장에서는 임의의 건설 프로젝트에 대한 경제성을 평가하기 위해 필수적인 개념인 돈의 시간적 가치, 건설 프로젝트의 현금 흐름, 현재가치, 미래가치, 연등가 사이의 이자공식 그리고 6가지의 경제성 분석 방법론만을 선택적으로 설명한다. 또한 부가적으로 민간자본의 유치를 통한 프로젝트 수행 방법인 프로젝트 파이낸싱 기법을 설명한다. 본 장의 학습을 마치고 나면 여러분들은 특정 건설 프로젝트에 대한 현금 흐름 정의를 바탕으로 경제적 타당성을 평가할 수 있는 능력을 갖출 수 있을 것이다.

돈의 시간적 가치

여러분이 다음과 같은 두 가지 옵션 중 하나를 선택해야 하는 상황에 있다고 가정해보자.

- 옵션 A : 지금 당장 1,000원 수령
- 옵션 B : 앞으로 몇 년 후에 1,000원 수령

당연히 여러분은 지금 당장 1,000원을 지급받는 옵션 A를 선택할 것이다. 이는 현재 시점의 1,000원이 미래 시점의 1,000원보다 가치가 크다고 느끼기 때문이다. 돈은 그 특성상 일정 기간 동안 어떤 분야에 투자하면 일정한 크기의 수익이 발생한다. 따라서 현재 시점에서 보유하고 있는 1,000원은 미래 어떤 시점에서의 1,000원보다 큰 가치를 갖는다고 말할 수 있다. 예를 들어, 어떤 사람이 여유자금을 보유하고 있는 경우, 이 돈을 특정한 사업에 투자하여 수익을 남기거나 또는 단순히 은행에 예금하여 이자를 받음으로써 더 큰 돈으로 만들 수 있다. 이와 같이 자금의 투자를 통해 얻을 수 있는 이득과 시간과의 관계에서 '돈의 시간적 가치'라는 개념이 나오게 된다.

현재 1,000원을 보유하고 있다면 이는 향후 N년 동안 투자할 기회를 가지고 있다는 의미이기 때문에, 현재 보유하고 있는 1,000원은 N년 후의 1,000원보다 가치가 크다고 말 할 수 있다. 그림 1에서 보는 바와 같이 돈은 수익력을 가지고 있기 때문에 투자할 기회를 통해 수익이 발생하게 되고 결국 N년 후의 원금과 수익의 합계는 1,000원을 능가하게 될 것이다. 즉, 일반적으로 돈에 대해서는

'1,000원＋N년 동안의 투자 기회＝1,000원＋기회를 통한 수익≥1,000원'이라는 관계가 성립하는 것이다.

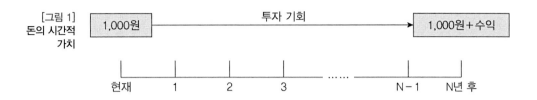

[그림 1]
돈의 시간적
가치

특정한 건설 프로젝트의 경제성을 분석하기 위해 돈의 흐름을 분석하는 경우, 돈의 흐름이 발생하는 시점(비용이 소요되고 수익이 발생하는 시점)이 상이하다면 이와 같은 돈의 시간적 가치 개념을 이용하는 분석이 필수적이다. 특히 건설 프로젝트는 그 특성상 경제성을 분석해야 하는 사업 기간이 30년에서 50년까지 매우 긴 경우가 대부분이기 때문에 돈의 시간적 가치에 대한 고려가 더욱 중요한 의미를 갖게 된다.

돈의 시간적 가치에 대한 크기를 나타내는 척도로 사용될 수 있는 것이 바로 이자의 개념이다. 이자는 '대여자가 차용자에게 돈을 사용한 대가로 청구하는 대여료'로 정의할 수 있다. 이자의 개념은 돈뿐만 아니라 수익력(수익을 창출할 수 있는)을 가진 재산(개인·단체·나라에서 가지고 있는 경제적 가치를 지닌 모든 물건)에까지 확장될 수 있다. 즉, 재산을 소유하고 있는 사람으로부터 특정 재산을 빌린 후 이를 운용하여 발생한 수익의 일부를 그 재산을 빌린 대가로 지불하는 방식에서도 그 대가를 이자라고 생각할 수 있다.

이러한 이자의 크고 작음은 이자율로 정의할 수 있는데, 일반적으로 이자율은 1년을 기준으로 표시되며 사업에 투자된 돈에 의해서 발생되는 이득의 백분율로 나타낸다. 따라서 이자율 10%는 채무자가 1,000원을 사용할 때, 원금 상환액 1,000원과는 별도로 100원의 이자를 지불해야 한다는 것을 의미한다. 이러한 이자율은 다른 일반적인 재화의 가격 결정 원리와 비슷하게 돈에 대한 시장의 수요와 공급에 의해 결정된다. 즉, 이자율은 자금에 대한 시장의 수요의 크기와 비례하고 공급의 크기에 반비례하는 특성을 가진다. 예를 들어, 건설 투자가 활성화되어 많은 자금 소요가 필요하다면 수요의 크기가 증가하여 시장의 이자율은 상승하게 될 것이고, 국민의 저축률이 증가하여 자금에 대한 공급이 늘어난다면 반대로 이자율은 하락하게 될 것이다.

만일 이자를 받기로 하고 돈을 빌려주는 대여자가 있다면, 그는 이자율을 결정하기 위해 다음의 요인을 고려할 것이다.

- 기회손실 비용 : 돈을 차용자에게 빌려주지 않고 대여자가 다른 용도에 사용하는 경우 4%의 수익을 얻을 수 있다고 가정한다면, 이 기회를 이용하지 못함으로 인해 발생하는 손실을 보상 받기 위해 원금의 4%를 이자로 요구할 수 있다.
- 인플레이션 비용 : 1년에 물가상승률이 3%로 예상된다면 1년 후 대여금을 돌려받는 시점에서 발생하는 구매력의 하락을 보상 받기 위해 3%의 이자를 요구할 수 있다.
- 위험할증 비용 : 차용자의 채무상환능력(재산, 수입, 담보물의 가치 등)을 종합하여 대여금을 갚지 않을 확률이 0.03으로 평가되었다면 대여자는 손해를 볼 위험을 보상받기 위해 원금의 3%를 이자로 요구할 수 있다.

위와 같이 생각한다면 이자율은 10%(=4%+3%+3%)로 결정될 수 있다. 이러한 이자율을 요구 받은 차용자는 빌린 돈을 투자하여 10% 이상의 수익을 발생시킬 수 있는 사업이 있다고 믿는다면 해당 자금을 빌리기로 결정할 것이다. 즉, 차용자는 지불되는 이자보다 투자를 통해 얻는 수익이 크다고 예상되는 경우에만 자금을 빌리게 된다.

chapter 02

건설 프로젝트의 현금 흐름

건설 프로젝트의 생애주기를 단순화하여 3단계로 구분해보면 다음과 같이 대분할 수 있다. 각 단계에서 발생하는 현금 유입 및 유출 항목을 정리하면 표 1과 같다.

- 구축 단계 : 초기 투자를 바탕으로 구조물(건물 또는 시설)을 설계 및 시공하는 단계
- 운영 단계 : 완성된 구조물을 기반으로 사업을 수행하여 수익을 창출하는 단계
- 폐기 단계 : 구조물의 수명이 다하여 사업을 종료하는 단계

[표 1] 건설 프로젝트 생애주기별 현금 유입 및 유출 항목

생애주기	구분	항목	내용
구축	현금유출	초기 투자비	프로젝트 수행을 위해 요구되는 고정자산(구조물 및 설비 등)을 설계, 조달, 시공하기 위해 소요되는 자재비, 인건비, 장비비 및 기타 경비
		운전자본	프로젝트 수행을 위해 요구되는 유동자산(보증금 등)의 획득을 위해 소요되는 자금으로 프로젝트가 종료되는 즉시 유동자산의 정리를 통해 회수될 수 있는 비용
	현금유입	대출금	초기 투자 및 운전자본 조달을 위해 융자받은 자금
운영	현금유출	운영비	프로젝트의 운영을 위해 일상적으로 소요되는 비용
		유지보수비	시간이 경과됨에 따라 저하되는 구조물의 성능을 초기 수준으로 되돌리기 위해 소요되는 비용
		대출상환	대출금을 상환하기 위해 소요되는 비용
		세금	프로젝트 운영을 통해 발생한 수익에 대한 세금
	현금유입	운영수익	프로젝트 운영을 통해 발생한 수익
		비용절감	프로젝트 운영을 통해 절감된 비용
폐기	현금유출	폐기비용	구조물의 폐기 등 프로젝트를 종료하기 위해 소요되는 비용
	현금유입	잔존가치	구축된 고정자산을 처분하여 발생하는 수익
		운전자본회수	획득한 유동자산을 처분하여 발생하는 수익

건설 분야에서 가장 많이 볼 수 있는 형태의 경제성 분석은 특정한 건설 프로젝트 투자 사업에 대한 비용과 수익의 분석을 통해 그 프로젝트가 수익성이 있는가를 결정하기 위한 분석일 것이다. 이러한 분석을 위해 유용하게 사용될 수 있는 도구가 바로 '현금 흐름도'다. 이는 투자대안의 경제적 효과를 알아보기 위해 각 시점에서의 현금의 유입과 유출을 도식적으로 나타내는 그림이다. 현금 흐름도에서는 특정 기간 동안 유입된 금액을 그 '기간 말'에 위로 향하는 화살표(현금유입)로 나타내고 유출되는 금액을 밑으로 향하는 화살표(현금유출)로 표시한다. 표 1의 현금 유입 및 유출항목을 현금 흐름도로 표현하면 그림 2와 같다.

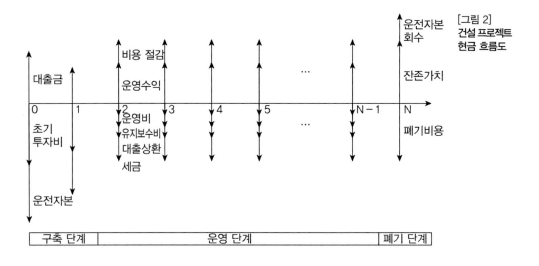

[그림 2]
건설 프로젝트
현금 흐름도

예제 1

다음 태양광 발전소 건설 프로젝트 투자사업의 현금 유입과 유출 관계를 현금 흐름도를 이용하여 나타내시오.

- 태양광 발전소를 건설하는 데 15억 원의 초기 투자비 발생, 이 비용은 0년과 1년에 각각 5억과 10억 원씩 소요됨
- 태양광 발전소를 건설하기 위한 부지를 임대하여 사용하기 위해, 3억 원의 토지 임대보증금을 지불함. 임대 보증금은 사업이 종료되는 15년 차에 전액 회수됨
- 초기 투자비 및 운전자본의 조달을 위해 은행으로부터 0년과 1년에 각각 2억과 4억을 대출받음. 또한 대출금을 갚기 위해 2년 차부터 13년 차까지 12년간 매년 0.7억씩을 상환함
- 1년 후 발전소가 완공되어 2년 차부터 15년 차까지 14년간 매년 3억 원의 발전수익이 발생함
- 발전소의 운영 및 유지보수를 위해 2년 차부터 15년 차까지 14년간 매년 0.6억 원의 비용이 발생함
- 매년 발전수익에 대해 10%의 세금이 발생함. 즉, 연간 0.3억 원의 세금이 발생함
- 15년이 지나 프로젝트가 종료되는 시점에서 태양광 발전소의 잔존가치는 1억 원이며, 태양광 발전소를 해체 및 폐기하는 데 2억 원의 비용이 발생함

풀이 다음과 같이 각 연도의 현금 흐름을 표시한다. 완성된 현금 흐름도는 그림 3과 같다.

- 0년 차에는 은행으로부터의 대출금 2억 원을 현금의 증가방향으로 표시하고, 초기 투자비 10억 원과 임대보증금 3억 원을 현금의 감소방향으로 표시함
- 1년 차에는 은행으로부터의 대출금 4억 원을 현금의 증가방향으로 표시하고, 초기 투자비 5억 원을 현금의 감소방향으로 표시함
- 2년 차부터 13년 차까지는 매년 3억 원의 발전수익을 현금의 증가방향으로 표시하고, 매년 0.7억 원의 대출상환금, 0.6억 원의 운영 및 유지보수비, 0.3억 원의 세금을 현금의 감소방향으로 표시함
- 14년 차에는 3억 원의 발전수익을 현금의 증가방향으로 표시하고, 0.6억 원의 운영 및 유지보수비와 0.3억 원의 세금을 현금의 감소방향으로 표시함
- 15년 차에는 3억 원의 발전수익, 3억 원의 임대보증금 회수, 1억 원의 잔존가치를 현금의 증가방향으로 표시하고, 0.6억 원의 운영 및 유지보수비, 0.3억 원의 세금, 2억 원의 해체 및 폐기비용을 현금의 감소방향으로 표시함

[그림 3]
태양광 발전소 건설 프로젝트 현금 흐름도

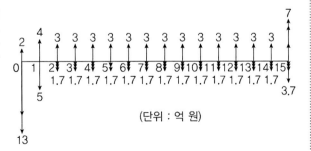

(단위 : 억 원)

chapter 03

이자공식

본 절에서는 돈의 시간적 가치 개념을 바탕으로 투자사업의 현금 흐름을 분석하는 데 유용한 도구로 사용될 수 있는 이자공식을 유도 한다. 유도되는 이자공식은 연복리(한 해의 원금과 원금에 대한 이자 가 다시 다음 해의 원금이 되어 이자가 발생하는 구조)로 매년 불입 하는 일반적인 경우에 적용되며 다음과 같은 부호를 이용한다.

- i = 연이자율
- N = 이자 기간 연수
- P = 현재가치 : 0년 시점의 원금
- A = 연등가 : 1년부터 N년까지 매년 발생하는 일련의 동일액
- F = 미래가치 : N년 시점의 원금 P에 대한 복리액

3.1 복리계수(P to F)

복리계수는 현금 P를 투자하여 매년 i의 이율로 수입을 얻는 경우 N년 후 원금과 이자의 합으로 나타나는 미래가치 F를 구하기 위해 사용되는 계수이다. 그림 4는 이와 같은 상황의 현금 흐름도를 나타 내고 있다.

[그림 4]
현재가치와
미래가치와의
관계

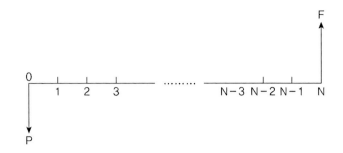

이와 같은 경우 매 연말의 원금과 이자의 합계는 표 2와 같이 나타낼 수 있다. 이때 $(1+N)^N$을 복리계수라고 한다. 이 계수를 이용하면 미래가치 F는 다음의 식 (1)과 같이 계산할 수 있다.

$$F = P(1+i)^N \tag{1}$$

[표 2] 복리계수의 유도과정

연도	원금	이자	미래가치(= 원금+이자)
1	P	Pi	$P + Pi = P(1+i)$
2	$P(1+i)$	$P(1+i)i$	$P(1+i) + P(1+i)i = P(1+i)^2$
3	$P(1+i)^2$	$P(1+i)^2 i$	$P(1+i)^2 + P(1+i)^2 i = P(1+i)^3$
...	...	...	...
N	$P(1+i)^{N-1}$	$P(1+i)^{N-1}i$	$P(1+i)^N + P(1+i)^{N-1}i = P(1+i)^N = F$

예제 2

건물을 신축하기 위해 은행으로부터 10억 원을 대출받았다. 대출금을 4년 후에 한꺼번에 갚기로 했다면 은행에 상환해야 할 금액은 얼마인가? 단, 연이자율은 10%이다.

풀이 문제로부터 i = 0.1, P = 10억 원, N = 4라는 사실을 알 수 있다. 식 (1)에 이 값들을 대입하면 4년도의 미래가치 F는 다음과 같다.
$$F = 10억 \ 원(1+0.1)^4 = 10억 \ 원(1.464) = 14.64억 \ 원$$

3.2 할인계수(F to P)

할인계수는 연이자율 i를 가정하는 경우 N년 후 원금과 이자의 합으로 나타나는 미래가치 F에 대응하는 현재시점의 원금 P를 구하기 위해 사용되는 계수이다. 즉, 그림 4에서 F를 이용하여 P를 구하기 위한 계수이다. 식 (1)을 P에 대해 정리하면 다음 식 (2)와 같다.

$$P = F(1+i)^{-N} \tag{2}$$

이때 $(1+i)^{-N}$을 할인계수라고 한다.

> **예제 3**
>
> 4년 후 건물을 신축하기 위해서는 14.64억 원의 자금이 필요하다. 연이자율이 10%일 때, 지금 얼마의 자금을 은행에 적립해 놓으면 4년 후 필요한 건물 신축 자금을 마련할 수 있는가?
>
> **풀이** 문제로부터 $i = 0.1$, $F = 14.64$억 원, $N = 4$라는 사실을 알 수 있다. 식 (2)에 이 수치를 대입하면 현재 시점의 적립금액 P는 다음과 같다.
> $$P = 14.64억 \ 원(1+0.1)^{-4} = 14.64억 \ 원(0.683) = 10억 \ 원$$

3.3 등가지불 미래가치계수(A to F)

등가지불 미래가치계수는 매년 현금 A를 적립하는 경우 N년 후에 적립한 원금과 이자의 합으로 나타나는 미래가치 F를 구하기 위해 사용되는 계수이다. 그림 5는 이와 같은 상황의 현금 흐름도를 나타내고 있다.

[그림 5]
연등가와
미래가치와의
관계

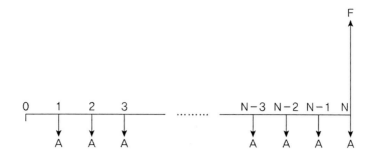

이와 같은 경우 매년 발생하는 연등가에 대해 식 (1)을 적용하면 N 년도의 미래가치를 구할 수 있다. 이 과정은 표 3에 나타나 있다. 즉, 매년의 연등가를 각각 미래가치로 변환한 값을 모두 더한 값이 미래가치 F가 된다. 이 관계를 이용하면 미래가치 F는 다음의 식 (3)과 같이 계산할 수 있으며, 이때 $((1+i)^N - 1)/i$를 등가지불 미래가치 계수라고 한다.

$$F = A((1+i)^N - 1)/i \tag{3}$$

[표 3] 등가지불 미래가치 계수의 유도과정

연도	N년 후의 미래가치	합계 및 계수 유도과정
1	$A(1+i)^{N-1}$	$F = A + A(1+i) + + \cdots + A(1+i)^{N-3} + A(1+i)^{N-2}$ $+ A(1+i)^{N-1}$
2	$A(1+i)^{N-2}$	
3	$A(1+i)^{N-3}$	$F(1+i) = A(1+i) + A(1+i)^2 + \cdots + A(1+i)^{N-2}$ $+ A(1+i)^{N-1} + A(1+i)^N$
...	...	$F(1+i) - F = A(1+i)^N - A$
N–1	$A(1+i)$	$Fi = A((1+i)^N - 1)$
N	A	$F = A((1+i)^N - 1)/i$

예제 4

10년 후에 은퇴를 앞 둔 사람이, 전원주택을 신축하려고 하고 있다. 이를 위해 10년 동안 매년 1억 원씩 은행에 예금을 하였다면 10년 후에 얼마짜리 전원주택을 지을 수 있겠는가? 단, 연이자율은 10%를 가정한다.

풀이 문제로부터 $i = 0.1$, $A = 1$억 원, $N = 10$이라는 사실을 알 수 있다. 식 (3)에 이 수치를 대입하면 10년째 말의 복리금액 F는 다음과 같다.
$F = 1$억 원$[((1+0.1)^{10}-1)/0.1] = 1$억 원$(15.937) = 15.94$억 원

3.4 등가지불 감채기금계수(F to A)

등가지불 감채기금계수는 연이자율 i를 가정하는 경우 N년 후 원금과 이자의 합으로 나타나는 미래가치 F에 대응하는 연등가 A를 구하기 위해 사용되는 계수이다. 즉, 그림 5에서 F를 이용하여 A를 구하기 위한 계수이다. 식 (3)을 A에 대해 정리하면 다음 식 (4)와 같다.

$$A = Fi/((1+i)^N - 1) \tag{4}$$

이때 $i/((1+i)^N - 1)$을 등가지불 감채기금계수라고 한다.

예제 5

지금으로부터 10년 후에 15.94억 원이 소요되는 전원주택을 짓기 위해, 매년 일정한 금액을 은행에 저축하려고 한다. 연이자율 10%를 가정한다면 향후 10년 동안 매년 얼마의 금액을 저축해야 하는가?

풀이 문제로부터 $i = 0.1$, $F = 15.94$억 원, $N = 10$이라는 사실을 알 수 있다. 식 (4)에 이 수치를 대입하면 10년 동안의 연등가, A는 다음과 같다.
$A = 15.94$억 원$(0.1/((1+0.1)^{10}-1)) = 15.94$억 원$(0.0627) = 1$억 원

3.5 등가지불 현재가치계수(A to P)

등가지불 현재가치계수는 연이자율 i를 가정하는 경우 향후 N년 간의 연등가 A에 대응하는 현재가치 P를 구하기 위해 사용되는 계수이다. 즉, 그림 6에서 A를 이용하여 P를 구하기 위한 계수이다. 식 (2)와 (3)을 결합하여 A에 대해 나타내면 다음 식 (5)와 같다.

$$P = F(1+i)^{-N} = A((1+i)^N - 1)/i)(1+i)^{-N} \tag{5}$$
$$= A((1+i)^N - 1)/(i(1+i)^N)$$

이때 $((1+i)^N - 1)/(i(1+i)^N)$을 등가지불 현재가치계수라고 한다.

[그림 6]
연등가와
현재가치와의
관계

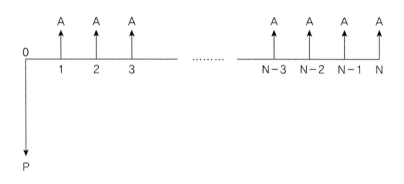

예제 6

건물주와 임대인은 향후 5년간 건물의 임대료로 매년 2억 원을 받기로 계약을 하였다. 그러나 건물주가 신사업에 투자하기 위해 필요한 자금을 확보하기 위해 임대인으로부터 향후 5년간의 임대료를 미리 현재 시점에서 모두 받으려고 하고 있다. 연이자율 10%를 가정한다면 현재시점에서 일시불로 얼마를 받는 것이 공평한가?

풀이 문제로부터 $i = 0.1$, $A = 2$억 원, $N = 5$라는 사실을 알 수 있다. 식 (5)에 이 수치를 대입하면 현재가치 P는 다음과 같다.

$P = 2$억 원$((1+0.1)^5-1)/(0.1(1+0.1)^5) = 2$억 원$(3.791) = 7.58$억 원

3.6 등가지불 자본회수계수(P to A)

등가지불 자본회수계수는 연이자율 i를 가정하는 경우 현재가치 P에 대응하는 향후 N년간의 연등가 A를 구하기 위해 사용되는 계수이다. 즉, 그림 6에서 P를 이용하여 A를 구하기 위한 계수이다. 식 (5)를 A에 대해 정리하면 다음 식 (6)과 같다.

$$A = Pi(1+i)^N / ((1+i)^N - 1) \tag{6}$$

이때 $i(1+i)^N / ((1+i)^N - 1)$을 등가지불 자본회수계수라고 한다.

예제 7

은행에 7.58억 원을 저축한 후 매년 일정한 금액을 인출하여 건물의 운영비로 사용하고자 한다. 연이자율 10%를 가정한다면 향후 5년간 매년 얼마의 운영비를 사용할 수 있겠는가?

풀이 문제로부터 $A = 0.1$, $P = 7.58$억 원, $N = 5$라는 사실을 알 수 있다. 식 (6)에 이 수치를 대입하면 연등가 A는 다음과 같다.

$A = 7.58$억 원$(0.1(1+0.1)^5/((1+0.1)^5-1)) = 7.58$억 원$(0.264) = 2$억 원

chapter 04

경제성 분석 방법

4.1 할인율의 결정

경제성 분석을 위해서는 적절한 할인율을 먼저 결정해야 한다. 할인율은 앞서 설명한 돈의 시간적 가치를 표현하기 위한 이자율의 개념과 동일하게 이해하면 된다. 즉, 미래에 발생하는 현금의 흐름을 현재 시점으로 옮겨올 때 사용하는 이자율로 정의될 수 있다. 통상이와 같은 할인율은 프로젝트에 투자된 자금의 조달방법에 따라 다음과 같이 정의될 수 있다. 이 식에서 자기자본이란 투자자가 주식발행 등을 통해 자체적으로 조달한 자본을 의미하며, 타인자본이란 투자자가 금융기관으로부터의 대출 등을 통해 조달한 자본을 의미한다.

$$할인율 = \frac{자기자본}{총투자비} \times 자기자본\ 수익률 + \frac{타인자본}{총투자비} \times 타인자본\ 이자율 \quad (7)$$

보통 할인율은 국가의 경제수준이 발전함에 따라 낮아지는 경향이 있으며, 보통 공공 프로젝트의 경우 5.5~6.5% 정도의 할인율이 보편적으로 사용되고 있으며, 민간 프로젝트의 경우 기업마다 차이가 있을 수 있으며 보통 공공 프로젝트의 할인율보다는 높은 값을 사용한다. 또 다른 관점에서, 할인율은 최소 요구 수익률(Minimum Attractive Rate of Return : MARR)로 해석될 수 있으며, 이는 의사 결정자의 마음속에 있는 수익률로 특정 프로젝트의 추진을 위해 요구되는 가장 낮은 수준의 수익률을 의미한다.

4.2 현재등가법

현재등가법은 건설 프로젝트의 경제적 타당성을 평가하기 위한 의사 결정 시 돈의 시간적 가치를 고려하는 방법 중 가장 많이 사용하는 방법이다. 현재등가법은 지정된 할인율을 이용하여 건설 프로젝트의 생애주기 상에서 발생하는 수익(현금유입)과 비용(현금유출)을 모두 현재가치로 변환하여 현재등가를 계산한다. 고려하는 대안이 하나라면 그 대안의 현재등가가 양의 값을 가질 때 경제성이 있다고 판단한다. 만약 대안이 여러 개인 경우 그중 현재등가가 가장 큰 대안을 선택한다. 일반적으로 현재등가법은 다음의 절차를 통해 수행된다.

- 1단계 : 투자 프로젝트에 대한 현금 흐름도를 작성한다.
- 2단계 : 할인율 r을 정의한다.
- 3단계 : 각 연도에 대한 순 현금 흐름(＝수익－비용)을 계산한다.
- 4단계 : 식 (2)를 이용하여 각 연도의 순 현금 흐름에 대한 현재가치를 계산한 후, 이 값들을 합산하여 현재등가를 구한다.
- 5단계 : 현재등가를 이용하여 경제성을 평가한다.

예제 8

현재등가법을 이용하여 예제 1에 주어진 태양광 발전소 건설 프로젝트에 대한 경제성 분석을 수행하시오. 단 할인율은 5%를 가정한다.

풀이 표 4와 같이 식 (2)에 주어진 할인계수 계산식을 이용하여 각 연도의 순 현금 흐름에 대한 현재가치를 구한 후, 이 값들을 합산하여 현재등가를 계산한다. 현재등가가 2.054억 원으로 양의 값을 가지므로 경제성이 있다는 결론을 내린다.

[표 4] 태양광 발전소 프로젝트에 대한 현재등가 계산 과정

연도	수익(억 원)	비용(억 원)	순 현금 흐름 (억 원)	할인계수	현재가치 (억 원)
0	2	13	−11	1.000	−11.00
1	4	5	−1	0.952	−0.95
2	3	1.7	1.3	0.907	1.18
3	3	1.7	1.3	0.864	1.12
4	3	1.7	1.3	0.823	1.07
5	3	1.7	1.3	0.784	1.02
6	3	1.7	1.3	0.746	0.97
7	3	1.7	1.3	0.711	0.92
8	3	1.7	1.3	0.677	0.88
9	3	1.7	1.3	0.645	0.84
10	3	1.7	1.3	0.614	0.80
11	3	1.7	1.3	0.585	0.76
12	3	1.7	1.3	0.557	0.72
13	3	1.7	1.3	0.530	0.69
14	3	0.9	2.1	0.505	1.06
15	7	2.9	4.1	0.481	1.97
현재등가(억 원)					2.054

예제 9

대청건설 주식회사의 CEO가 내려야 하는 중요한 의사 결정 중의 하나는 현재 대청플랜트 건설현장에서 수작업으로 이루어지고 있는 특정 작업을 새롭게 개발된 두 가지의 자동화기계 중 하나로 대체할 것인가 아니면 그대로 수작업 방식을 유지할 것인가를 결정하는 것이다. 이 건설현장은 5년 후에 완전히 중단될 것이다. 수작업 방식은 연간 1억 원의 비용이 들어간다. 새로운 자동기계 ER-32는 구입비용이 3억 원이며, 향후 5년간 매년 0.2억 원의 운영비용이 소요되며, 5년 후에 이 기계는 아무런 가치를 갖지 않은 채 폐기될 것이다. 또 다른 자동기계 FC-77은 4억 원에 구입할 수 있으며, 향후 5년간 매년 0.1억 원의 운영비용이 소요되며, 5년 후에 이 기계는 중고기계로 0.8억 원에 처분할 수 있을 것으로 예상된다. 할인율이 10%라면, 현재등가법을 이용하여 최적대안을 선택하시오.

풀이 문제에 주어진 정보를 이용하여 현금 흐름도를 작성하면 그림 7과 같다. 만약 돈의 시간적 가치를 고려하지 않는다면, 각 대안의 가치는 단순히 모든 수익과 비용을 합산하여 다음과 같이 계산할 수 있다.

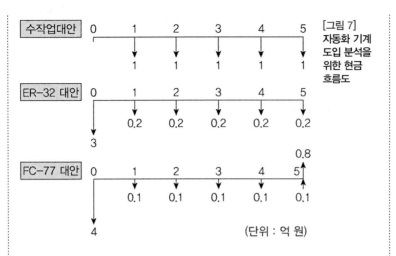

[그림 7] 자동화 기계 도입 분석을 위한 현금 흐름도

(단위 : 억 원)

수작업 대안 : -1억 원 × 5 = -5억 원
ER-32 대안 : -3억 원-0.2억 원 × 5 = -4억 원
FC-77 대안 : -4억 원-0.1억 원 × 5 + 0.8억 원 = -3.7억 원

단순히 이 결과만 본다면 최소비용이 소요되는 FC-77 대안을 선택하는 것이 바람직해 보이지만 이는 돈의 시간적 가치를 고려하지 않은 잘못된 결정이다. 돈의 시간적 가치를 고려하기 위해 현재등가법을 이용해보자. 작성된 현금 흐름도와 앞 절에서 유도한 이자공식을 이용하여 각 대안의 현재등가를 계산하면 다음과 같다.

수작업 대안 : 식 (5)를 이용하여 현재등가를 구하면,
현재등가 = -1억 원((1 + 0.1)5-1)/(0.1(1 + 0.1)5) = -3.791억 원
ER-32 대안 : 식 (5)를 이용하여 현재등가를 구하면,
현재등가 = -3억 원-0.2억 원((1 + 0.1)5-1)/(0.1(1 + 0.1)5)
= -3.758억 원

FC-77 대안 : 식 (2)와 (5)를 이용하여 현재등가를 구하면,
현재등가 = -4억 원-0.1억 원((1 + 0.1)5-1)/(0.1(1 + 0.1)5)
+ 0.8억 원(1 + 0.1)-5 = -3.882억 원

따라서 돈의 시간적 가치를 고려하면 현재등가가 가장 큰(비용이 가장 적게 드는) ER-32 대안을 선택하는 것이 바람직하다.

4.3 미래등가법

미래등가법은 지정된 할인율을 이용하여 건설 프로젝트의 생애주기상에서 발생하는 수익(현금유입)과 비용(현금유출)을 모두 프로젝트가 종료되는 시점의 미래가치로 변환하여 미래등가를 계산한다.

고려하는 대안이 하나라면 그 대안의 미래등가가 양의 값을 가질 때 경제성이 있다고 판단한다. 만약 대안이 여러 개인 경우 그중 미래등가가 가장 큰 대안을 선택한다. 일반적으로 미래등가법은 다음의 절차를 통해 수행된다.

- 1단계 : 투자 프로젝트에 대한 현금 흐름도를 작성한다.
- 2단계 : 할인율 r을 정의한다.
- 3단계 : 각 연도에 대한 순 현금 흐름(＝수익－비용)을 계산한다.
- 4단계 : 식 (1)을 이용하여 각 연도의 순 현금 흐름에 대한 프로젝트 종료 시점의 미래가치를 계산한 후, 이 값들을 합산하여 미래등가를 구한다.
- 5단계 : 미래등가를 이용하여 경제성을 평가한다.

예제 10

미래등가법을 이용하여 예제 1에 주어진 태양광 발전소 건설 프로젝트에 대한 경제성 분석을 수행하시오. 단 할인율은 5%를 가정한다.

풀이 표 5와 같이 식 (1)에 주어진 복리계수 계산식을 이용하여 각 연도의 순 현금 흐름에 대한 미래가치를 구한 후, 이 값들을 합산하여 미래등가를 계산한다. 미래등가가 4.27억 원으로 양의 값을 가지므로 경제성이 있다는 결론을 내린다.

[표 5] 태양광 발전소 프로젝트에 대한 미래등가 계산 과정

연도	수익(억 원)	비용(억 원)	순 현금 흐름 (억 원)	복리계수	미래가치 (억 원)
0	2	13	−11	2.079	−22.87
1	4	5	−1	1.980	−1.98
2	3	1.7	1.3	1.886	2.45
3	3	1.7	1.3	1.796	2.33
4	3	1.7	1.3	1.710	2.22
5	3	1.7	1.3	1.629	2.12
6	3	1.7	1.3	1.551	2.02
7	3	1.7	1.3	1.477	1.92
8	3	1.7	1.3	1.407	1.83
9	3	1.7	1.3	1.340	1.74

[표 5] 태양광 발전소 프로젝트에 대한 미래등가 계산 과정(계속)

연도	수익(억 원)	비용(억 원)	순 현금 흐름 (억 원)	복리계수	미래가치 (억 원)
10	3	1.7	1.3	1.276	1.66
11	3	1.7	1.3	1.216	1.58
12	3	1.7	1.3	1.158	1.50
13	3	1.7	1.3	1.103	1.43
14	3	0.9	2.1	0.505	1.06
15	7	2.9	4.1	0.481	1.97
미래등가(억 원)					4.27

예제 11

예제 9에 대해 미래등가법을 이용하여 최적 대안을 선택하시오.

풀이 작성된 현금 흐름도와 앞 절에서 유도한 이자공식을 이용하여 각 대안의 미래등가를 계산하면 다음과 같다.

수작업 대안 : 식 (3)을 이용하여 미래등가를 구하면,
미래등가 = -1억 원((1 + 0.1)5-1)/0.1 = -6.105억 원

ER-32 대안 : 식 (1)과 (3)을 이용하여 미래등가를 구하면,
미래등가 = -3억 원(1 + 0.1)5-0.2억 원((1 + 0.1)5-1)/0.1
= -6.053억 원

FC-77 대안 : 식 (1)과 (3)을 이용하여 미래등가를 구하면,
미래등가 = -4억 원(1 + 0.1)5-0.1억 원((1 + 0.1)5-1)/0.1 + 0.8억 원
= -6.253억 원

따라서 미래등가가 가장 큰(비용이 가장 적게 드는) ER-32 대안을 선택하는 것이 바람직하다. 이 결론은 앞서 현재등가법을 이용한 경우와 동일하다.

4.4 연등가법

연등가법에서는 지정된 할인율을 이용하여 건설 프로젝트의 생애주기 상에서 발생하는 수익(현금유입)과 비용(현금유출)을 일단 현재등가 또는 미래가치로 변환한 후, 이들 값을 이용하여 최종적으로 연등가를 계산한다. 고려하는 대안이 하나라면 그 대안의 연등가가 양의 값을 가질 때 경제성이 있다고 판단한다. 만약 대안이 여러 개

인 경우 그중 연등가가 가장 큰 대안을 선택한다. 일반적으로 연등가법은 다음의 절차를 통해 수행된다.

- 1단계 : 투자 프로젝트에 대한 현금 흐름도를 작성한다.
- 2단계 : 할인율 r을 정의한다.
- 3단계 : 각 연도에 대한 순 현금 흐름(=수익−비용)을 계산한다.
- 4단계 : 식 (1) 또는 (2)를 이용하여 각 연도의 순 현금 흐름에 대한 현재가치 또는 미래가치를 계산한 후, 이 값들을 합산하여 현재등가 또는 미래등가를 구한다.
- 5단계 : 현재등가와 식 (6) 또는 미래등가와 식 (4)를 이용하여 연등가를 계산한다.
- 6단계 : 연등가를 이용하여 경제성을 평가한다.

예제 12

연등가법을 이용하여 예제 1에 주어진 태양광 발전소 건설 프로젝트에 대한 경제성 분석을 수행하시오. 단 할인율은 5%를 가정한다.

풀이 예제 8과 10에서 구한 현재등가와 미래등가는 각각 2.054억 원과 4.270억 원이다. 이 값들과 식(4)와 (6)을 이용하여 연등가를 구하면 다음과 같다. 연등가가 0.1979억 원으로 양의 값을 가지므로 경제성이 있다는 결론을 내린다.

현재등가 기반의 연등가 = 2.054억 원 × $(0.05(1+0.05)^{15})/((1+0.05)^{15}-1)$
= 2.054억 원(0.0963) = 0.1979억 원
미래등가 기반의 연등가 = 4.270억 원 × $0.05/((1+0.05)^{15}-1)$
= 4.270억 원(0.0463) = 0.1979억 원

예제 13

연등가법을 이용하여 예제 1에 주어진 태양광 발전소 건설 프로젝트에 대한 경제성 분석을 수행하시오. 단 할인율은 5%를 가정한다.

풀이 작성된 현금 흐름도와 앞 절에서 유도한 이자공식을 이용하여 각 대안의 연등가를 계산하면 다음과 같다.

수작업 대안 : 연등가 = -1억 원
ER-32 대안 : 식 (6)을 이용하여 연등가를 구하면,
　　　　　　연등가 = -3억 원$(0.1(1+0.1)^5)/((1+0.1)^5-1)$-0.2억 원
　　　　　　　　　　= -0.991억 원
FC-77 대안 : 식 (4)와 (6)을 이용하여 연등가를 구하면,
　　　　　　연등가 = -4억 원$(0.1(1+0.1)^5)/((1+0.1)^5-1)$-0.1억 원
　　　　　　　　　　+0.8억 원$(0.1)/((1+0.1)5-1)$ = -1.024억 원

따라서 연등가가 가장 큰(비용이 가장 적게 드는) ER-32 대안을 선택하는 것이 바람직하다. 이 결론은 앞서 현재등가법과 미래등가법을 이용한 경우와 동일하다.

4.5 수익률법

　수익률법은 전술한 방법들과 같이 특정한 시점에서의 돈의 가치를 평가하여 비교하는 방식과는 다른 접근방법을 이용한다. 수익률은 수익(현금유입)과 비용(현금유출)의 현재가치를 같게 만들어주는 이자율로 정의된다. 다른 말로 표현하면, 어떤 투자대안의 현재등가, 연등가, 미래등가를 0으로 만들어주는 이자율을 의미한다. 대안에 대해 수익률을 계산한 후, 수익률이 미리 정한 MARR보다 크면 경제성이 있는 것으로 판단한다(여기서, 할인율은 MARR의 의미로 사용됨). 일반적으로 상호배타적인 투자 대안 중 최적 대안을 선정하는 경우에는 현재등가법, 미래등가법, 연등가법과 같은 화폐가치 기반의 절대적 평가방법을 사용한다. 이 경우 수익률법과 같은 상대적 평가방법을 사용하기 위해서는 증분분석을 수행해야 한다. 이는 본 교재의 범위를 넘어서므로 필요한 경우 참고문헌에 명시된 경제성공학 교재를 참조하기 바란다. 일반적으로 수익률법은 다음의 절차를 통

해 수행된다.

- 1단계 : 투자 프로젝트에 대한 현금 흐름도를 작성한다.
- 2단계 : 이자율을 변화시켜가며 현재등가, 미래등가, 연등가를 0으로 만드는 이자율을 찾아 수익률을 구한다.
- 3단계 : 수익률을 이용하여 경제성을 평가한다.

예제 14

수익률법을 이용하여 예제 1에 주어진 태양광 발전소 건설 프로젝트에 대한 경제성 분석을 수행하시오. MARR이 6%라면 본 사업을 수행해야 하는가?

풀이 이자율을 1%부터 10%까지 1%씩 증가시켜 가며 표 4에 나타나 있는 계산과정과 동일한 방법으로 현재등가를 구해보면 표 6과 같은 결과를 얻을 수 있다.

[표 6] 이자율의 변화에 따른 현재등가

이자율(%)	현재등가(억 원)
1	7.885
2	6.136
3	4.612
4	3.259
5	2.054
6	0.978
7	0.016
8	−0.847
9	−1.623
10	−2.322

표 6의 결과를 살펴보면, 이자율이 7%일 때 현재등가는 0.016억 원, 이자율이 8%일 때 현재등가는 –0.847억 원이다. 선형보간법을 이용하여 현재등가를 0으로 만드는 이자율, 즉, 수익률을 구해보면 그림 8과 같다. 수익률 7.019%가 MARR 6%보다 크므로 본 프로젝트는 사업성이 있다는 결론을 내릴 수 있다.

수익률 = 0.07 + 0.01×0.016/(0.847 + 0.016) = 0.07019 = 7.019%

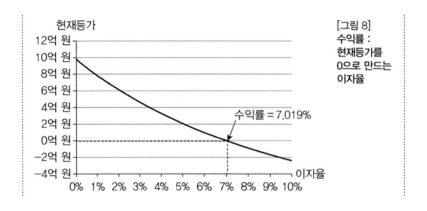

[그림 8]
수익률 :
현재등가를
0으로 만드는
이자율

4.6 수익/비용비율법

수익/비용비율법은 모든 수익(현금유입)의 현재가치를 모든 비용(현금유출)의 현재가치로 나누어준 비율에 기반을 두어 경제성을 평가한다. 다른 말로 표현하면, 수익/비용비율은 어떤 투자대안에 투입된 비용 대비 몇 배의 수익이 창출되었는가를 나타내는 비율이다. 수익/비용비율이 이 1보다 크면 경제성이 있는 것으로 판단한다. 수익/비용비율법 역시 수익률법과 같은 상대적 평가방법으로 상호배타적인 대안에 대한 최적 대안을 선정하기 위해서는 증분분석을 수행해야 한다. 증분분석이 필요한 경우 참고문헌에 명시된 경제성공학 교재를 참조하기 바란다. 일반적으로 수익/비용비율법은 다음의 절차를 통해 수행된다.

- 1단계 : 투자 프로젝트에 대한 현금 흐름도를 작성한다.
- 2단계 : 할인율 r을 정의한다.
- 3단계 : 각 연도에 대한 수익과 비용의 현재가치를 계산한 후, 이 값들을 합산하여 수익과 비용의 현재등가를 구한다.
- 4단계 : 다음 식을 이용하여 수익/비용비율을 구한다.

$$수익/비용비율 = 수익의\ 현재등가/비용의\ 현재등가$$

- 5단계 : 수익/비용비율을 이용하여 경제성을 평가한다.

예제 15

수익/비용비율법을 이용하여 예제 1에 주어진 태양광 발전소 건설 프로젝트에 대한 경제성 분석을 수행하시오. 단, 할인율은 5%를 가정한다.

풀이 식 (2)의 할인계수를 이용하여 수익과 비용에 대한 현재등가를 구해보면 표 7에 나타나 있는 바와 같이 각각 36.02억 원과 33.96억 원이다. 이 값들을 이용하여 수익/비용비율을 구해보면 다음과 같다. 이 수익/비용비율 1.06이 1보다 크므로 본 프로젝트는 경제성이 있다는 결론을 내릴 수 있다.

수익/비용비율 = 33.96/36.02 = 1.06

[표 7] 수익과 비용에 대한 현재등가 계산

연도	수익 (억 원)	비용 (억 원)	할인 계수	수익 현재가치 (억 원)	비용 현재가치 (억 원)
0	2	13	1.000	2.00	13.00
1	4	5	0.952	3.81	4.76
2	3	1.7	0.907	2.72	1.54
3	3	1.7	0.864	2.59	1.47
4	3	1.7	0.823	2.47	1.40
5	3	1.7	0.784	2.35	1.33
6	3	1.7	0.746	2.24	1.27
7	3	1.7	0.711	2.13	1.21
8	3	1.7	0.677	2.03	1.15
9	3	1.7	0.645	1.93	1.10
10	3	1.7	0.614	1.84	1.04
11	3	1.7	0.585	1.75	0.99
12	3	1.7	0.557	1.67	0.95
13	3	1.7	0.530	1.59	0.90
14	3	0.9	0.505	1.52	0.45
15	7	2.9	0.481	3.37	1.39
현재등가				36.02	33.96

4.7 자본회수기간법

자본회수기간법은 프로젝트 기간 내에 투자된 자본이 모두 회수될 수 있는가를 분석하는 방법이다. 매년 프로젝트에서 얻은 수익 중 자본비용으로 소비된 수익을 제외한 나머지 수익을 통해 프로젝트에 투입된 자본을 모두 회수하는 시점을 자본회수기간이라 정의한다. 대안에 대해 자본회수기간을 계산한 후, 자본회수기간이 프로젝트 기간 내에 있으면 경제성이 있는 것으로 판단한다. 일반적으로 상호 배타적인 투자 대안 문제에 대해서는 자본회수기간법을 사용하지 않는다. 자본회수기간법은 다음의 절차를 통해 수행된다.

- 1단계 : 투자 프로젝트에 대한 현금 흐름도를 작성한다.
- 2단계 : 할인율 r을 정의한다.
- 3단계 : 각 연도에 대한 순 현금 흐름(=수익-비용)을 계산한다.
- 4단계 : 다음 식을 이용하여 자본비용을 계산한다.

  N년도 자본비용=N-1년도 프로젝트 잔액 × 할인율
- 5단계 : 다음 식을 이용하여 프로젝트 잔액을 계산한다.

  0년도 프로젝트 잔액=0년도 순 현금 흐름

  N년도 프로젝트 잔액=N-1년도 프로젝트 잔액+N년도 순 현금 흐름+N년도 자본비용
- 6단계 : 프로젝트 잔액이 양수로 전환된 시점을 자본회수기간으로 한다.
- 7단계 자본회수기간을 이용하여 경제성을 평가한다.

자본회수기간법을 이용하여 예제 1에 주어진 태양광 발전소 건설 프로젝트에 대한 경제성 분석을 수행하시오. 단 할인율은 5%를 가정한다.

풀이 본 프로젝트에 대한 프로젝트 잔액을 연도별로 계산하면 표 8과 같다. 보간법을 이용하여 자본회수기간을 구해보면 다음과 같이 13.92년이 나온다. 이는 프로젝트 기간 15년보다 작으므로 본 프로젝트는 경제성이 있다는 결론을 내릴 수 있다.

자본회수기간 = 13 + 1.846/(1.846 + 0.162) = 13.92년

[표 8] 자본비용 및 프로젝트잔액 계산

연도	수익	비용	순 현금 흐름	자본비용	프로젝트 잔액
0	2	13	−11		−11.000
1	4	5	−1	−0.550	−12.550
2	3	1.7	1.3	−0.628	−11.878
3	3	1.7	1.3	−0.594	−11.171
4	3	1.7	1.3	−0.559	−10.430
5	3	1.7	1.3	−0.521	−9.651
6	3	1.7	1.3	−0.483	−8.834
7	3	1.7	1.3	−0.442	−7.976
8	3	1.7	1.3	−0.399	−7.074
9	3	1.7	1.3	−0.354	−6.128
10	3	1.7	1.3	−0.306	−5.135
11	3	1.7	1.3	−0.257	−4.091
12	3	1.7	1.3	−0.205	−2.996
13	3	1.7	1.3	−0.150	−1.846
14	3	0.9	2.1	−0.092	0.162
15	7	2.9	4.1	0.008	4.270

프로젝트 파이낸싱

5.1 프로젝트 파이낸싱 정의 및 특징

과거 항만과 터널, 고속도로 등의 대규모 사회간접자본 건설공사는 정부주도로 이루어져 왔으나, 근래에는 프로젝트 파이낸싱의 도입으로 민간의 참여가 활발해지고 있다. 정부는 물류비 절감과 국가경쟁력 확보를 위해 사회간접자본에 대한 지속적인 투자를 해오고 있으나, 투자재원의 부족으로 인해 사회간접자본에 대한 투자가 원활하게 진행되지 못하였다. 이러한 한계점을 극복하기 위해 국내에서도 프로젝트 파이낸싱 기법을 이용하여 도로, 철도, 항만, 터널 등을 건설하기 위한 사회간접자본 민자사업을 지속적으로 추진해오고 있다.

프로젝트 파이낸싱이란 특정한 프로젝트로부터 미래에 발생하는 현금 흐름을 담보로 하여 당해 프로젝트를 수행하는 데 필요한 자금을 조달하는 금융기법을 총칭하는 개념이다. 표 9에 요약되어 있는 바와 같이 프로젝트 파이낸싱은 사업주의 담보나 신용에 근거하여 대출이 이루어지는 전통적인 기업금융(Corporate Financing)과는 달리 프로젝트 자체의 사업성을 토대로 대출이 이루어지는 새로운 자금조달기법이다. 즉, 사업주와 법적으로 독립된 프로젝트로부터 발생하는 미래의 현금 흐름을 차입자금의 상환재원으로 삼고 프로젝트의 자산과 다양한 이해당사자와의 계약을 담보로 하여 사업주는 제한적인 책임만 부담하면서 당해 프로젝트의 시공 및 운영에 소요되는 자금을 조달하는 기법이 프로젝트 파이낸싱이다. 이러한 특징으로 인해 프로젝트 파이낸싱은 전통적인 기업금융과 다른 특징을 가지게 된다.

[표 9] 프로젝트 파이낸싱과 기업금융의 비교

구분	프로젝트 파이낸싱	기업금융
차주	프로젝트 회사	모기업(사업주의 기업)
원리금 상환의 원천	프로젝트 자체의 수익성과 프로젝트 회사의 재무비율	모기업이 보유한 상환 능력(사업주의 전체 자산 및 신용)
대출 여부 판단 기준	경제적 타당성 검토 결과	담보 위주의 대출 심사 결과
금융자문의 필요성	자금조달 절차가 복잡하므로 자문이 필요	자금조달 절차가 단순하므로 자문이 불필요
위험부담	이해 당사자 간의 위험 할당	차주가 전적으로 위험 부담
소구권 행사	모기업에 대한 소구권 행사 제한	모기업에 대한 소구권 행사 가능
채무 수용 능력	부외금융으로 채무수용능력 제고	부채비율 등 기존 차입에 의한 제약

5.1.1 비소구금융

프로젝트 파이낸싱은 사업주가 특정 프로젝트를 독립적인 기업으로 설립하여 그 프로젝트로부터의 현금 흐름을 사업주의 다른 프로젝트 및 기업과 분리하여 소요 자금을 조달하는 금융방법이다. 해당 프로젝트의 수행을 위한 자금은 사업주의 금융지원이나 자산을 근거로 조달되지 않고 오로지 프로젝트의 현금 흐름에 근거하여 조달된다. 따라서 프로젝트에서 발생하는 수익은 부채의 상환이 완료될 때까지 조달자금을 변제하는 용도에 최우선적으로 사용된다. 프로젝트가 실패 혹은 도산했을 경우에도 채권자는 관련된 모든 채권의 상환을 그 프로젝트 자체의 자산 및 현금 흐름 내에서 청구해야 하고 그 외의 자산에 대해 채권의 변제를 청구할 수 없다. 프로젝트 파이낸싱의 이러한 특징을 비소구금융(Non-recourse Financing)이라고 한다.

5.1.2 부외금융

프로젝트 파이낸싱에서는 사업주의 기존 업체 및 사업 부문들과는 법적, 경제적으로 별개인 법인에 의해 프로젝트가 진행됨으로써, 프로젝트로부터의 현금 및 부채흐름이 사업주의 다른 기업 및 사업 부문들의 대차대조표에 나타나지 않아 이들의 대외적인 신용도에 영향을 주지 않는다. 프로젝트 파이낸싱의 이러한 특성을 부외금융(Off-balance Sheet Financing)이라고 한다.

5.1.3 위험배분

프로젝트 파이낸싱에서 사업주는 위험을 기피하기 위해 보다 많은 자금을 투자자들로부터 모집하려 하고, 반대로 투자자들은 위험을 기피하기 위해 프로젝트 파이낸싱의 특징인 비소구금융 개념과 배치되지만 사업주의 신용보증이나 담보를 요구하기도 한다. 따라서 프로젝트 파이낸싱이 성공하기 위해서는 사업주와 채권자 간에 적절한 수준에서의 위험배분이 이루어져야 하며 구체적인 위험배분 기준 및 부담 위험의 크기는 프로젝트의 기술적, 경제적 타당성에 달려 있다.

5.1.4 절차 및 계약의 복잡성

프로젝트 파이낸싱을 성사시키기 위해서는 전문적인 금융 및 보증 절차, 복잡한 계약 및 협정, 난해한 회계 및 조세처리, 다양한 문서화 과정 등이 필요하다. 이러한 이유로 국제적인 대형 프로젝트의 경우 프로젝트의 타당성을 인지하여 프로젝트 파이낸싱 계약을 체결하는 데 몇 년이 소요되는 경우도 종종 있다.

5.1.5 높은 금융비용

프로젝트 파이낸싱을 주관하는 주간사 은행은 프로젝트와 관련된 위험의 유형, 크기 및 영향을 분석하고 당사자 간에 배분하는 등 프로젝트 파이낸싱의 구조를 짜기 위해 상당한 비용과 시간을 필요로 한다. 따라서 이에 대한 대가로 전통적인 기업금융에 비해 상대적으로 높은 수준의 금리를 요구하는 것이 일반적이다.

5.1.6 적용 범위의 확대

프로젝트 파이낸싱은 그 특성상 위험 수준이 높은 일부 자본집약적 산업 분야에 유용하게 이용되어 왔지만, 최근에는 대상 프로젝트의 범위가 넓어져 조선, 유전개발, 광물채취, 항공기 제작, 사회간접자본시설, 아파트, 상가, 주상복합, 오피스텔 등의 부동산 개발사업, 호텔, 발전소, 상하수도, 폐기물처리시설, 통신시설 등 거의 모든 건설 분야를 망라하여 활용되고 있다. 국제적인 대규모 개발 프로젝트, 특히 중동, 동남아, 남미, 동구제국 등의 개도국에서 발주하는 프로젝트의 대부분은 프로젝트 파이낸싱을 요구하고 있는 것이 현실이다. 심지어 최근에는 영화제작 등의 엔터테인먼트 산업에도 프로젝트 파이낸싱을 통한 자금조달이 활성화되고 있다.

5.2 프로젝트 파이낸싱 이해당사자

프로젝트 파이낸싱에는 사업주와 금융기관 등으로 대표되는 채권자의 단순한 참여구조를 보이는 전통적 기업금융과 달리 그림 9와 같이 사업주, 프로젝트 회사, 차주, 대주단, 주간사 은행 등 다양한 이해당사자가 참여하고 있다. 프로젝트 파이낸싱의 참여하는 이해당사자를 살펴보면 다음과 같다.

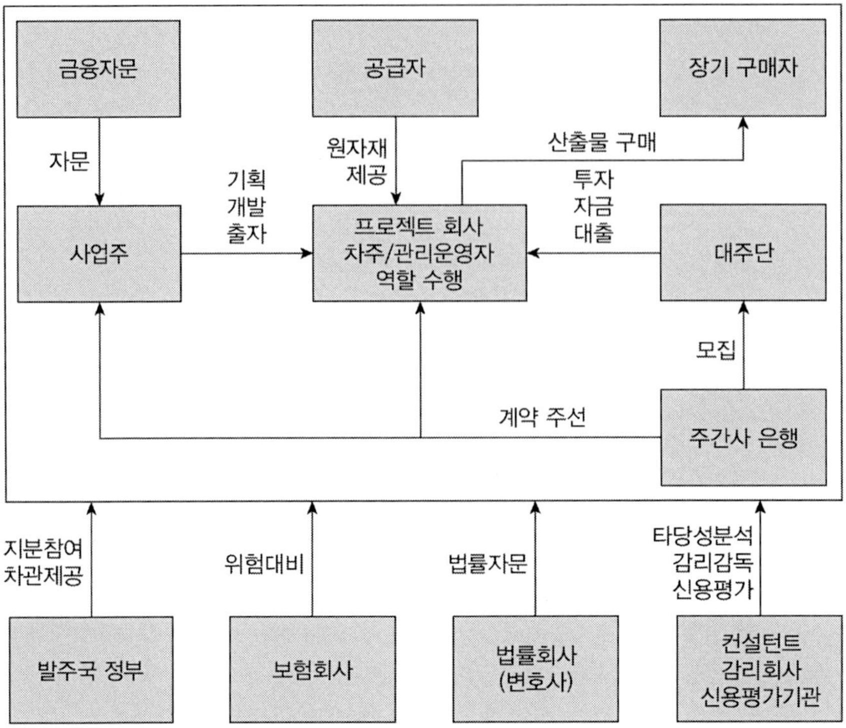

[그림 9]
프로젝트
파이낸싱의
구조

5.2.1 사업주

프로젝트 사업주는 프로젝트를 기획, 개발하고 프로젝트 회사에 출자하고 보증을 제공하는 등 프로젝트의 모든 진행 단계에서 중심적 역할을 수행한다. 사업주는 특정 기업이 될 수 있으며, 시공업체, 원자재 공급업체 및 프로젝트 산출물의 소비자 등 이해당사자로 구성된 컨소시엄이 될 수도 있다. 또한 프로젝트의 신용도를 높이기 위해 정부, 정부투자기관, 국제금융기관이 사업주로서 부분적으로 참여하는 경우도 있다.

5.2.2 프로젝트 회사

프로젝트 회사란 사업주가 주체가 되어 프로젝트의 개발 및 자금 조달을 위해 설립한 별도법인을 말한다. 프로젝트 회사는 통상 합작

법인의 형태로 설립되는 것이 일반적이나 경우에 따라서는 법인의 형태가 아닌 조합의 형태를 취하는 경우도 있다. 프로젝트 회사는 사업주의 여타 기업과 법적, 경제적으로 분리된 독립법인으로서 시공, 운영, 자금조달 및 상환 등 프로젝트 전 과정에서의 모든 권리와 의무의 당사자가 된다.

5.2.3 차주

차주란 프로젝트 파이낸싱에서 필요한 투자자금에 대한 차입의 주체를 의미하며 일반적으로 프로젝트 회사가 차주의 역할을 수행한다.

5.2.4 대주단

대주란 프로젝트 파이낸싱에서 사업의 수행을 위해 필요한 자금을 공급하는 대출의 주체를 의미한다. 프로젝트 파이낸싱은 통상적인 프로젝트에 비해 소요 자금의 규모 및 위험 수준이 높은 프로젝트들을 대상으로 이루어지기 때문에 일개 금융기관만으로 전체 소요 자금을 지원하기에는 해당 금융기관이 부담해야 하는 위험이 너무 큰 경우가 대부분이다. 따라서 사업주 혹은 프로젝트 회사와 최초 접촉을 가진 주간사 은행은 금융지원과 관련된 위험을 분담하기 위해 다른 금융기관들로 대주단을 구성하는 것이 일반적이다. 대주단에는 국제적인 명성을 가지고 있는 상업은행, 각국의 수출입은행, 세계은행, 국제금융공사 등의 국제개발금융기관, 아시아개발은행 등의 지역개발금융기관 및 프로젝트 발주국의 현지 은행들이 선택적으로 참여하게 된다.

5.2.5 주간사 은행

프로젝트 파이낸싱을 위한 대주단을 구성하는 데 주도적인 역할을 하며, 대주단에 참여하는 은행들을 대표하는 은행을 주간사 은행이라고 한다. 주간사 은행은 대주단을 대표하여 차주나 사업주와 금융 및 보증계약 등 프로젝트 파이낸싱에 필요한 제반 계약을 주선한다.

5.2.6 금융자문

금융자문이란 사업주의 입장을 대변하여 프로젝트의 초기 단계에서 완공에 이르기까지 제반 자문, 계약서 작성, 대주단 및 발주국 정부와의 협상지원 등에 이르기까지 제반 자문, 계약서 작성, 대주단 및 발주국 정부와의 협상 지원 등의 역할을 하는 주체를 말한다. 구체적으로 금융자문은 프로젝트의 타당성 분석, 대주단의 구성, 금융계약의 작성 등 모든 금융과정에 대해 자문을 제공하는데, 보통 금융기관 혹은 컨설팅회사 등이 맡는 경우가 일반적이다. 프로젝트 파이낸싱의 경우 매우 복잡한 계약서와 협상과정을 거치기 때문에 사업주는 경험이 많은 금융기관과 자문계약을 맺는 것이 필요하다.

5.2.7 공급자

공급업자는 프로젝트 회사와 원자재, 연료 등을 장기로 제공하는 공급계약을 통하여 프로젝트 파이낸싱에 참여하는 이해당사자다. 장기공급 계약이 체결된 프로젝트의 경우 프로젝트의 원자재 조달 위험이 줄어들기 때문에 신뢰성 있는 공급업자의 유무는 프로젝트의 성패를 결정하는 중요한 요인이 된다.

5.2.8 장기 구매자

장기 구매자는 프로젝트 회사와 프로젝트 생산물을 장기로 구매하는 구매보증계약을 통하여 프로젝트 파이낸싱에 참여하는 이해당사자다. 구매보증계약이 체결된 프로젝트는 프로젝트의 산출물 판매 및 가격 변동 위험이 줄어들기 때문에 신뢰성 있는 장기 구매자의 존재는 프로젝트의 성패를 결정하는 중요한 요인이 된다.

5.2.9 관리운영자

관리운영자는 프로젝트 회사와 관리운영계약을 체결함으로써 프로젝트 파이낸싱에 참여하는 이해당사자이다. 프로젝트 회사가 관리운영자의 역할을 수행할 수 있지만, 대주단은 프로젝트 운영 위험을 회피하기 위하여 전문적인 관리운영자와 관리운영계약을 맺을 것을 요구하는 경우가 있다.

5.2.10 발주국 정부

국제적으로 프로젝트 파이낸싱이 적용되는 상당수 사업들은 발주국의 경제 개발에 중요한 사업인 경우가 많으므로 발주국 정부는 다양한 방법으로 프로젝트에 개입한다. 개입형태로는 지분참여, 차관제공 등을 통하여 프로젝트의 직접적인 당사자로 참여하는 경우와 각종 인허가, 보증, 조세감면, 정책, 보조금 지급 등을 통하여 프로젝트의 신뢰도를 높이는 역할을 하는 경우 등으로 구분할 수 있다. 특히, BTO(Build Transfer Operate) 또는 BTL((Build Transfer Lease) 방식으로 프로젝트을 시행하는 경우 발주국 정부가 양도협정의 당사자가 되기 때문에 정부의 역할 및 지원은 프로젝트의 성공을 위해 매우 중요하다.

5.2.11 보험회사

프로젝트 회사는 보험회사와의 보험계약을 통해 프로젝트 각 단계에서 발생할 수 있는 위험에 대비한다.

5.2.12 법률회사

프로젝트 파이낸싱은 방대한 서류작업이 수반되고, 세금 및 기타 법률문제에 대하여 이해당사자간의 대립이 첨예한 경우가 많으므로 법률회사(변호사)의 역할이 매우 중요하다.

5.2.13 기타 전문가 집단

기타 참여 주체로 프로젝트의 경제적, 기술적 타당성을 담당하는 컨설턴트, 사업의 감리·감독을 담당하는 감리회사, 프로젝트의 신용평가를 담당하는 신용평가기관 등이 있다.

5.3 프로젝트 파이낸싱의 성공요건

프로젝트 파이낸싱이 성공하기 위해서는 무엇보다 프로젝트 회사의 경영진과 이해당사자들이 프로젝트 파이낸싱에 대한 충분한 경험과 전문적인 지식을 구비하고 있어야 한다. 또한 프로젝트 소재국 정부가 해당 프로젝트에 대해 우호적인 태도를 가지고 있다면 프로젝트 파이낸싱의 성공확률은 더욱 높다고 말할 수 있다. 이러한 조건 이외에도 프로젝트의 성공을 위해서는 다음과 같은 노력이 필요하다.

5.3.1 사업주와 채권자간의 적절한 위험배분

프로젝트 파이낸싱이 성공하기 위해서는 이해당사자들, 그중에서도 핵심 당사자인 사업주와 채권자로서의 금융기관간의 적절한 위험배분이 이루어져야 한다.

5.3.2 원자재 및 산출물 시장의 확보

프로젝트의 원활한 시공 및 운영을 위해서는 원자재 시장이 확보되어 있어야 하며, 프로젝트의 경제성을 담보할 수 있는 적절한 수준의 수익을 확보하기 위해서는 프로젝트의 산출물에 대한 안정적인 산출물 시장이 마련되어 있어야 한다.

5.3.3 정확한 현금 흐름 분석

사업주와 금융기관이 프로젝트로부터의 미래 현금 흐름을 보다 정확하게 예측하여 프로젝트의 경제적 타당성 및 원리금 상환능력을 실제에 가깝게 합리적으로 평가해야 한다.

5.3.4 프로젝트의 타당성 분석 능력

프로젝트 파이낸싱이 성공적으로 이루어지기 위해서는 대상 프로젝트의 기술적 × 경제적 타당성 분석이 선행되어야 한다. 먼저 해당 프로젝트에 사용되는 제반 기술 및 공법에 대해 건축학 및 공학적 입장에서의 기술적 타당성 분석이 수행되어야 한다. 또한 프로젝트로부터 발생하는 미래의 현금 흐름을 예측하여 매출액이 건설비, 시설 운영비, 금융비용, 세금 등의 비용을 충당하고도 합리적인 수익을 남기기에 충분한지를 따져보기 위한 경제성 타당성 분석을 수행해야 한다.

예제 17

대청건설 주식회사는 프로젝트 파이낸싱 기법을 활용하여 교량을 건설하려고 한다. 교량을 건설하기 위해서는 50억 원의 비용이 소요된다. 향후 교량을 이용할 차량은 대략 연간 10만대로 예상되었다. 차량의 교량 이용 요금을 5,000원으로 결정하였다면, 향후 몇 년 동안의 교량운영권을 확보해야 프로젝트 파이낸싱의 경제성을 담보할 수 있는가? 할인율은 5%를 가정한다.

풀이 교량을 N년 동안 운영한다고 가정하면 프로젝트 파이낸싱에 대한 미래의 현금 흐름을 그림 10과 같이 나타낼 수 있다. 이 현금의 흐름을 식 (5)를 이용하여 현재등가로 나타내면 다음과 같이 운영 기간 N의 함수로 나타낼 수 있다.

현재등가 = 5억 원$((1+0.05)^N-1)/(0.05(1+0.05)^N)$-50억 원

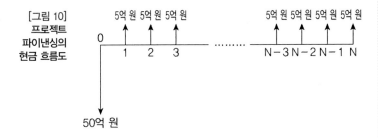

[그림 10]
프로젝트 파이낸싱의 현금 흐름도

그림 11을 살펴보면 15년이 되는 해가 되어서야 현재등가가 양의 값을 갖는다는 것을 알 수 있다. 따라서 최소한 향후 15년간 교량에 대한 운영권을 확보해야 본 프로젝트 파이낸싱의 경제성이 있다고 말할 수 있다.

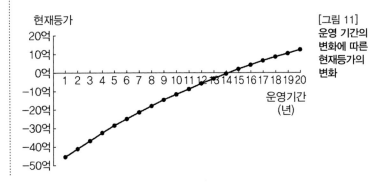

[그림 11]
운영 기간의 변화에 따른 현재등가의 변화

chapter 06

단원 요약

　본 장에서는 건설관리를 위해 경제성 분석 분야에서 알아두어야할 대표적인 개념에 대해 설명하였다. 돈의 시간적 가치, 이자율, 현재가치, 미래가치, 연등가 및 이자공식 등 경제성 공학의 기본적인 개념을 살펴보았다. 특히, 프로젝트 상에서 발생하는 서로 다른 시점의 자금흐름을 현재가치, 미래가치, 연등가 등으로 변환하기 위한 복리계수, 할인계수, 등가지불 미래가치계수, 등가지불 감채기금계수, 등가지불 현재가치계수, 등가지불 자본회수계수 등의 6가지 이자공식에 대해 알아보았다.

　건설 프로젝트는 생애주기 단계에 따라 다양한 형태의 현금유입과 유출이 발생한다. 대표적인 현금 흐름을 살펴보면 구축 단계에서는 초기 투자비, 운전자본, 대출금, 운영 단계에서는 운영비, 유지보수비, 대출상환, 세금, 운영수익, 비용절감, 폐기 단계에서는 폐기비용, 잔존가치, 운전자본회수 등의 현금 흐름이 발생한다. 현금 흐름도는 이와 같은 현금의 유입과 유출을 도식적으로 나타내기 위한 유용한 도구이다.

　프로젝트에 대해 현금 흐름을 분석한 후에는 프로젝트의 경제성을 평가하는 과정이 뒤따른다. 이를 위한 경제성 분석 방법으로는 현재등가법, 미래등가법, 연등가법과 같은 절대적 가치 기반의 평가방법이 있으며, 이 방법들은 단일 프로젝트에 대해서 등가로 계산된 프로젝트의 가치가 0보다 크면 경제성이 있다는 결론을 내리며, 복수의 상호배타적인 대안 중 최적의 대안을 선정하는 경우에는 등가가 가장 큰 대안을 선택한다. 또한 수익률법, 수익/비용비율법, 자본회수기간법과 같은 상대적 개념의 평가방법을 이용해서도 경제성 분석이 가능하다. 그러나 상대적 평가방법을 이용하는 경우 복수의 대안 중 최적의 대안을 선정하는 경우에는 보다 신중한 접근방법이 필요하다.

프로젝트 파이낸싱은 특정한 프로젝트로부터 미래에 발생하는 현금 흐름을 담보로 하여 당해 프로젝트를 수행하는 데 필요한 자금을 조달하는 금융기법을 총칭하는 개념으로, 부외금융, 위험배분, 절차 및 계약의 복잡성, 높은 금융비용, 적용 범위의 확대 등의 특성을 갖는다. 프로젝트 파이낸싱의 이해당사자로는 차주, 대주단, 주간사 은행, 금융자문, 공급자, 장기 구매자, 관리운영자, 발주국 정부, 보험회사, 법률회사 및 전문가집단 등이 있다. 프로젝트 파이낸싱을 성공하기 위해서는 사업주와 채권단의 적절한 위험배분, 원자재 및 산출물 시장의 확보가 필요하며 무엇보다 정확한 현금 흐름에 대한 분석을 통해 프로젝트의 경제적 타당성을 정확하게 분석하는 것이 필요하다.

▌연습 문제

1. 다음 교량 건설 프로젝트에 대한 현금 흐름도를 작성하시오.

- 교량을 건설하기 위해 매년 100억 원씩 4년간 총 400억 원을 지출(비용은 0년 차~3년 차에 연단위로 발생한다고 가정)
- 3년 후 교량이 완공되면, 연간 600,000대의 자동차가 이용할 것으로 예상되며, 자동차 한 대에 대한 통행료는 10,000원이 될 것으로 예상
- 교량 건설을 완료한 후, 10년간 운영을 통해 얻은 수익으로 투자원금을 회수한 후 정부에게 소유권을 이양(수익은 4년차~13년차에 연단위로 발생한다고 가정)
- 할인율(MARR)은 5%

2. 현재등가법을 이용하여 프로젝트의 현재가치를 구하고 이에 따른 경제성을 평가하시오. 본 프로젝트를 추진하는 것이 바람직한가?

3. 미래등가법을 이용하여 프로젝트의 미래가치를 구하고 이에 따른 경제성을 평가하시오. 본 프로젝트를 추진하는 것이 바람직한가?

4. 연등가법을 이용하여 프로젝트의 연등가를 구하고 이에 따른 경제성을 평가하시오. 본 프로젝트를 추진하는 것이 바람직한가?

5. 수익률법을 이용하여 프로젝트의 수익률을 구하고 이에 따른 경제성을 평가하시오. 본 프로젝트를 추진하는 것이 바람직한가?

6. 자본회수기간법을 이용하여 프로젝트의 수익률을 구하고 이에 따른 경제성을 평가하시오. 본 프로젝트를 추진하는 것이 바람직한가?

7. 수익/비용비율법을 이용하여 프로젝트의 수익률을 구하고 이에 따른 경제성을 평가하시오. 본 프로젝트를 추진하는 것이 바람직한가?

8. 투자한 원금을 회수하기 위해서는 최소한 몇 년간의 통행료 수익을 확보해야 하는가?

참고문헌

1. 김관태, 프로젝트 파이낸싱 – 은행의 새로운 수익원으로 급부상, 조흥 은행 경영연구소, 2001.
2. 김명수, 권혁진, 건설산업에서 금융기능 강화 방안 연구, 국토연구원, 2002.
3. 김성인, 박홍선, 산업공학개론 제3판, 청문각, 2002.
4. 김영휘, 김성식, 김성인, 김승권, 경제성공학 제8판, 청문각, 2001.
5. 박동규, 프로젝트 파이낸싱의 개념과 실제, 명경사, 2003.
6. 박찬석, 김규태, 최성호, 경제성공학, 영지문화사, 2004.
7. 이의섭, 김민형, 건설업 금융 실태와 개선방안, 한국건설산업연구원, 2001.
8. 정근채 외, 건설관리학, 사이텍미디어, 2006, pp.58~87, '선행 저서로 일부 내용이 인용된 부분이 있음'.

저자 약력

최 재 현

한국기술교육대학교 건축공학부 교수
Jacobs Engineering Group, Project Controls Lead
CH2M Hill, Inc., Project Controls Lead
미군기지이전사업단(K-CPMC), C4I 사업관리부장
University of Florida 건설사업관리 (CM)전공 박사
University of Florida 건설사업관리 (CM)전공 석사
충북대학교 건축공학과 졸업

강 상 혁

인천대학교 건설환경공학부 교수
Safe Transportation Research & Education Center, University of California, Berkeley, Associate Specialist
한국건설산업연구원 연구위원
한양대학교 대학원 건설사업관리(CM)전공 박사
한양대학교 대학원 건설사업관리(CM)전공 석사
한양대학교 토목공학과 졸업

신 호 철

(주)한국씨엠씨
PMP, Project+, Primavera Specialist
중앙대학교 건설사업관리(CM)전공 석사
중앙대학교 경영학과 졸업

손창백

세명대학교 건축공학과 교수
대한주택공사 주택연구소 책임연구원
대한건축학회 정회원
한국건설관리학회 종신회원
한국건축시공학회 종신회원
중앙대학교 대학원 공학박사
중앙대학교 공과대학 건축학과 졸업

박희성

한밭대학교 건설환경공학과 교수
현대건설 과장
한국건설기술연구원 선임연구원
대한토목학회, 한국건설관리학회 종신회원
University of Texas, 건설사업관리(CM)전공 박사
University of Michigan, 건설사업관리(CM)전공 석사
홍익대학교 공과대학 토목공학과 졸업

이동훈

한밭대학교 건축공학과 조교수
Texas A&M University Postdoctral Researcher
경희대학교 대학원 건축 시공기술 및 관리(CEM)전공 박사
경희대학교 대학원 건축 시공기술 및 관리(CEM)전공 석사
경희대학교 건축공학과 졸업

정근채

충북대학교 토목공학부 교수

(주)LG-EDS 선임컨설턴트

제주대학교 경영정보학과 전임강사

한국건설관리학회, 한국경영과학회, 한국경영정보학회, 대한산업공학회 종신회원

한국과학기술원 산업공학과 생산관리 및 유연생산시스템 전공 박사

한국과학기술원 산업공학과 의사결정론 전공 석사

고려대학교 산업공학과 졸업

건설관리학 총서 집필진 명단

교재개발공동위원장	김 옥 규	충북대학교 건축공학과 교수
교재개발공동위원장	김 우 영	한국건설산업연구원 기술정책연구실
교재개발총괄간사	강 상 혁	인천대학교 건설환경공학부 교수

건설관리학 총서 1권 _ 계약 / 클레임 / 리스크 관리

Part I 계약 관리	김 옥 규	충북대학교 건축공학과 교수
	박 형 근	충북대학교 토목공학부 교수
	장 경 순	조달청 차장
Part II 클레임 관리	조 영 준	중부대학교 건축토목공학부 교수
Part III 리스크 관리	이 민 재	충남대학교 토목공학과 교수
	임 종 권	충남대학교 겸임교수, 승화기술정책연구소 사장
	안 상 목	인하대학교 겸임교수, 글로벌프로젝트솔루션 대표

건설관리학 총서 2권 _ 설계 / 정보 관리 & 가치공학 및 LCC

Part I 설계 관리	김 홍 용	삼우씨엠 지원사업부장
Part II 정보 관리	진 상 윤	성균관대학교 건설환경공학부/미래도시융합공학과 교수
	김 옥 규	충북대학교 건축공학과 교수
	정 운 성	충북대학교 건축공학과 교수
	김 태 완	인천대학교 도시건축학부 교수
	최 철 호	두올테크 창립자, 대표이사 의장
Part III 가치공학	김 병 수	경북대학교 토목공학과 교수
	현 창 택	서울시립대학교 건축공학과 교수
	전 재 열	단국대학교 건축공학과 교수
Part IV LCC	김 용 수	중앙대학교 건축공학과 교수

건설관리학 총서 3권 _ 공정 / 생산성 / 사업비 관리 & 경제성 분석

Part I 공정 관리	최 재 현	한국기술교육대학교 건축공학부 교수
	강 상 혁	인천대학교 건설환경공학부 교수
	신 호 철	(주)한국씨엠씨
Part II 생산성 관리	손 창 백	세명대학교 건축공학과 교수
Part III 사업비 관리	박 희 성	한밭대학교 건설환경공학과 교수
	이 동 훈	한밭대학교 건축공학과 교수
Part IV 경제성 분석	정 근 채	충북대학교 토목공학부 교수

건설관리학 총서 4권 _ 품질 / 안전 / 환경 관리

Part I 품질 관리	한 민 철	청주대학교 건축공학과 교수
	김 종	(주)선엔지니어링종합건축사사무소 건설기술연구소 이사
Part II 안전 관리	황 성 주	이화여자대학교 건축도시시스템공학과 교수
	이 준 성	이화여자대학교 건축도시시스템공학과 교수
	손 정 욱	이화여자대학교 건축도시시스템공학과 교수
Part III 환경 관리	전 진 구	서경대학교 토목건축공학과 교수

건설관리학 총서 3

공정 / 생산성 / 사업비 관리 & 경제성 분석

초판발행 2019년 2월 25일
초판 2쇄 2019년 9월 2일

저　　　자 최재현, 강상혁, 신호철, 손창백, 박희성, 이동훈, 정근채
펴　낸　이 김성배
펴　낸　곳 도서출판 씨아이알

책임편집 박영지
디　자　인 송성용, 윤미경
제작책임 김문갑

등록번호 제2-3285호
등　록　일 2001년 3월 19일
주　　　소 (04626) 서울특별시 중구 필동로8길 43(예장동 1-151)
전화번호 02-2275-8603(대표)
팩스번호 02-2265-9394
홈페이지 www.circom.co.kr

I S B N 979-11-5610-710-1 94540
　　　　　 979-11-5610-707-1 　(세트)
정　　　가 17,000원